Applied Mineralogy
Technische Mineralogie

Die Mineralogie, verstanden als Oberbegriff für Kristall-, Mineral-, Gesteins- und Lagerstättenkunde sowie für Geochemie, wirkt zunehmend über den Kreis der eigentlichen Geowissenschaften hinaus auf viele Bereiche der Technik und der Ingenieurwissenschaften. Dies gilt unter anderem für die Herstellung von keramischen und feuerfesten Stoffen, von Glas, von Zementen und anderen Bindemitteln, von Baustoffen, von Einkristallen und von Kristallen mit bestimmten chemischen und physikalischen Eigenschaften, von Hartstoffen, Schleifmitteln, Farben, Düngemitteln, Isolierstoffen, organischen Polymeren und von Brenn- und Baumaterialien für Kernreaktoren. Hierher gehören ferner auch die mineralogischen Aspekte der Aufbereitung, des Bergbaues, des Hüttenwesens, der Energieerzeugung, der Bautechnik, der Staubtechnik, der Rückstandsverwertung, der Materialprüfung, der Elektrotechnik, der Korrosion, der Raumfahrt etc. Mineralogische Erkenntnisse an Naturvorgängen helfen weiterhin häufig, technische Prozesse zu verstehen, zu planen und zu steuern.

Die steigende Bedeutung der Mineralogie für viele Zweige der Technik, die Vielzahl der in der Literatur weit verstreuten mineralogischen Arbeiten zu diesen Fragen und das notwendigerweise hohe Maß der Spezialisierung lassen nunmehr zusammenfassende Darstellungen aus der Sicht der Mineralogen auf den genannten Gebieten unerläßlich erscheinen. Ziel der neuen Monographienreihe von hohem wissenschaftlichen Niveau ist es, die Anwendung der Methoden und des Wissensinhaltes der

Fortsetzung auf der zweiten Klappe

Applied Mineralogy
Technische Mineralogie

Edited by
Herausgegeben von

V. D. Fréchette, Alfred, N.Y.
H. Kirsch, Essen
L. B. Sand, Worcester, Mass.
F. Trojer, Leoben

2

Springer-Verlag
Wien New York 1972

K. H. Obst, W. Münchberg, H. Malissa

Elektronenstrahl-Mikroanalyse (ESMA) zur Untersuchung basischer feuerfester Stoffe

Springer-Verlag
Wien New York 1972

Professor Dipl.-Ing. Dr.-Ing. KARL-HEINZ OBST, Rheinische Kalksteinwerke GmbH und Dolomitwerke GmbH, D-5603 Wülfrath, Honorarprofessor an der Technischen Universität Clausthal, Deutschland.

Dr. rer. nat. WOLFGANG MÜNCHBERG, Mineraloge, Dolomitwerke GmbH, D-5603 Wülfrath, Deutschland

Professor Dipl.-Ing. Dr. techn. HANNS MALISSA, Vorstand des Instituts für analytische Chemie und Mikrochemie der Technischen Hochschule, A-1060 Wien, Österreich

Softcover reprint of the hardcover 1st edition 1972
Library of Congress Catalog Card Number 73-167277

Mit 73 Abbildungen

ISBN-13:978-3-7091-8275-8 e-ISBN-13:978-3-7091-8274-1
DOI: 10.1007/978-3-7091-8274-1

Geleitwort

Die Mineralogie, verstanden als Oberbegriff für Kristall-, Mineral-, Gesteins- und Lagerstättenkunde sowie für Geochemie, wirkt zunehmend über den Kreis der eigentlichen Geowissenschaften hinaus auf viele Bereiche der Technik und der Ingenieurwissenschaften.

Dies gilt unter anderem für die Herstellung von keramischen und feuerfesten Stoffen, von Glas, von Zementen und anderen Bindemitteln, von Baustoffen, von Einkristallen und von Kristallen mit bestimmten chemischen und physikalischen Eigenschaften, von Hartstoffen, Schleifmitteln, Farben, Düngemitteln, Isolierstoffen, organischen Polymeren und von Brenn- und Baumaterialien für Kernreaktoren. Hierher gehören ferner auch die mineralogischen Aspekte der Aufbereitung, des Bergbaues, des Hüttenwesens, der Energieerzeugung, der Bautechnik, der Staubtechnik, der Rückstandsverwertung, der Materialprüfung, der Elektrotechnik, der Korrosion, der Raumfahrt usw. Mineralogische Erkenntnisse an Naturvorgängen helfen weiterhin häufig, technische Prozesse zu verstehen, zu planen und zu steuern.

Die steigende Bedeutung der Mineralogie für viele Zweige der Technik, die Vielzahl der in der Literatur weit verstreuten mineralogischen Arbeiten zu diesen Fragen und das notwendigerweise hohe Maß der Spezialisierung lassen nunmehr zusammenfassende Darstellungen aus der Sicht der Mineralogen auf den genannten Gebieten unerläßlich erscheinen. Ziel der neuen Monographienreihe von hohem wissenschaftlichem Niveau ist es, die Anwendung der Methoden und des Wissensinhaltes der Mineralogie auf technische Probleme in einer Form darzustellen, die vor allem den Ingenieur, aber auch den technisch orientierten Naturwissenschaftler umfassend informiert.

Der Verlag — Die Herausgeber

Vorwort

Die Aufklärung des Mineralbestandes und die Beurteilung feuerfester keramischer Stoffe ist nicht nur für die moderne Werkstoffkunde, sondern auch für Erzeugung und Verwendung von allergrößter Bedeutung. Die Elektronenstrahl-Mikroanalyse (ESMA) in ihren verschiedenen Anwendungsformen spielt dabei bereits eine ausschlaggebende Rolle, und es war daher dringend notwendig, dieses vielseitige neue Arbeitsgebiet in Form einer Monographie darzustellen.

Im ersten Teil werden neben den allgemeingültigen elektronenstrahlanalytischen Gesetzen, soweit es die meist oxidischen Verbindungsklassen erfordern, auch spezielle theoretische Grundlagen gebracht. Außer der Beschreibung moderner elektronenmikroskopischer Arbeitsweisen (Absorptions-, Emissions-, Rückstreu- und Röntgen-Verfahren) wird der qualitativen und insbesondere der quantitativen Elementbestimmung gebührender Raum gegeben. Dabei spielen natürlich die durch die Bindungsverhältnisse hervorgerufenen Besonderheiten eine große Rolle und werden ebenfalls behandelt.

Im zweiten — anwendungstechnischen — Teil der Monographie wird über den Einsatz der ESMA bei den für die feuerfesten Stoffe sehr bedeutsamen heterogenen Mehrstoffsystemen und über die technischen Produkte — Sinter und Steine — berichtet.

Anhand des Dreistoffsystems $MgO - CaO - SiO_2$ wird erstmals die Bedeutung der ESMA für die schnelle Ermittlung von Eutektischen Punkten, Rinnen, Konoden und Konodendreiecken erläutert.

Noch vor wenigen Jahren war die Anwendung der ESMA auf metallische Werkstoffe beschränkt. Wir glauben, mit diesem Buch mitzuhelfen, diese Methode systematisch für die Untersuchung oxidischer feuerfester Stoffe zu erschließen und damit eine Erweiterung der Kenntnisse über die Mikrostruktur zu ermöglichen.

Bei den technischen Produkten haben wir uns im wesentlichen auf die basische Gruppe der feuerfesten Stoffe beschränkt, die bei der modernen Stahlherstellung und in der Steine- und Erdenindustrie große Bedeutung besitzen. Eine prinzipielle Übertragung auf die saure und neutrale Gruppe ist grundsätzlich möglich. Die vergleichenden Untersuchungen der feuerfesten Materialien vor und nach ihrem Einsatz soll die Bedeutung der ESMA bei der Aufklärung von Verschleißvorgängen und die daraus resultierenden Verbesserungen der Qualitäten unterstreichen.

Die Skala der bisherigen Untersuchungsverfahren auf dem Feuerfestgebiet hat durch die ESMA besonders für Mischkristallbildung, Diffusionsprobleme und Heterogenität von Phasen eine wichtige Bereicherung erfahren. Durch eine sinnvolle

Kombination von Auflicht- und Elektronenmikroskopie, Röntgenbeugung, chemischer Analyse und ESMA werden für die Forschung und Praxis in Zukunft weitergehende Erkenntnisse zu erwarten sein.

Es sei noch darauf hingewiesen, daß neben der üblichen Schreibweise chemischer Formeln auch die in der Zement- und Feuerfestindustrie übliche in dieser Monographie Verwendung findet. Demnach gilt:

$$MgO = M;\ CaO = C;\ SiO_2 = S;\ Fe_2O_3 = F;\ Al_2O_3 = A;\ P_2O_5 = P.$$

Beispielsweise bedeutet

$$C_4AF = 4\ CaO \cdot Al_2O_3 \cdot Fe_2O_3.$$

Soweit Abbildungen und Tabellen im Original oder als Klischees für die Monographie aus fremden Veröffentlichungen zur Verfügung gestellt wurden — wie aus einem Bildnachweis am Ende des Buches hervorgeht —, möchten wir herzlich Dank sagen. Ebenso herzlich danken wir allen jenen, die das Manuskript durchgesehen haben und bei den Korrekturarbeiten behilflich waren, besonders aber den Damen und Herren Dipl.-Ing. Dr. M. Grasserbauer, Dipl.-Ing. Dr. H. Ch. Horn, Dipl.-Phys. H. Geimer, Fräulein Ingeborg Braun und Fräulein Margot Merli. Dem Verlag sei für die ausgezeichnete Ausstattung des Buches gedankt.

Im Dezember 1971 Die Verfasser

Inhaltsverzeichnis

Abkürzungsverzeichnis

ADP	Kristall für Röntgen-Spektrometer Ammonium-Dihydrogen-Phosphat
ARL	Applied Research Laboratory (Mikrosondenhersteller in den USA)
ASTM	American Society for Testing and Materials
ESMA	Elektronenstrahlmikroanalyse
ff	feuerfest
Jeol-JXA	Gerätetyp JXA eines Elektronenstrahlmikroanalysators der Firma Japan Electron Optics Laboratory Co.
KAP	Kristall für Röntgen-Spektrometer Kalium-Azid-Phthalat
LDAC	Linz-Donawitz-Arbed-Centre National (Konvertertyp für phosphorreiches Roheisen)
OLP	Oxygen Lime Powder (Konvertertyp für phosphorreiches Roheisen)
REM	Rasterelektronenmikroskop
RFA	Röntgenfluoreszenzanalyse
SM	Siemens-Martin-Ofen (Stahlerzeugungsaggregat für Stahlroheisen)
UV	Ultraviolett
Zac	Handelsname für Zirkon-Mullit-Stein

1. Einleitung

In den letzten Jahren sind die Anforderungen an die feuerfesten Zustellungen so gestiegen, daß sowohl Hersteller wie Verbraucher die angebotenen Produkte genau kennen müssen, um sie ihren Eigenschaften entsprechend richtig einzusetzen. Während zur Kontrolle der Erzeugnisse neben naßchemischen Durchschnittsanalysen das Raumgewicht und der Sintergrad (Porosität) herangezogen werden, muß zur Entwicklung neuer Produkte und Erzeugung besserer Qualitäten der Zusammenhang zwischen Ausgangsprodukt, Brennprozeß, Steinherstellung und Verschleiß unter Betriebsbedingungen aufgeklärt werden. Aufschluß über diese gegenseitige Beeinflussung gibt unter anderem der strukturelle Aufbau des Sinterproduktes. Sehr viele Aussagen über Mikrostruktur erlaubt die Mikroskopie. Das Auflösungsvermögen des Auflicht- oder Durchlichtmikroskops reicht in den meisten Fällen aus, die auftretenden Mineralphasen zu differenzieren. F. Trojer zeigt im „Handbuch der Mikroskopie in der Technik" [6], wie bei Sintermagnesiten die Kristallparagenesen mittels Ätzverfahren, Kristallmorphologie, Anisotropie und Reflexionsmessungen unter Verwendung des Auflichtmikroskops identifiziert werden können. Außer dem Lichtmikroskop wird z. B. zur Beobachtung von Sintervorgängen und Rekristallisationsprozessen das Elektronenmikroskop verwendet. Neben der Elektronenmikroskopie, wie sie bisher verstanden wird, gewinnen die Informationen, die man über die Absorptions- und Reflexionselektronenmikroskopie erhalten kann, immer größere Bedeutung. Deshalb wird dieses Arbeitsgebiet wenigstens abrißartig in Kapitel 2 behandelt.

Während bei den mikroskopischen Untersuchungen die einzelnen Phasen durch indirekte Methoden — durch Vergleich von Reflexionseigenschaften, Verhalten gegenüber verschiedenen Ätzmitteln, Form der Kristallphasen u. ä. — identifiziert werden, kann man mit Hilfe der Röntgendiffraktion durch Messung der Gitterparameter die Minerale direkt bestimmen. Diese Arbeitstechnik von Rigby [4] wurde angewendet auf dem Gebiet der Sintermagnesite und so weit entwickelt, daß auf Grund der chemischen Durchschnittsanalyse die zu erwartenden Mineralkomponenten unter bestimmten Voraussetzungen direkt abschätzbar sind. Die meist angewendete Lichtmikroskopie identifiziert die einzelnen Phasen rasch und relativ verläßlich. Die Interpretation von Mischkristallbildungen und Diffusionszonen ist hingegen nur sehr schwer oder gar nicht möglich. Ebenso können keinerlei Aussagen gemacht werden, ob die vorliegenden Phasen rein sind oder ob sie wechselnde Mengen Fremdionen enthalten. Auch die Röntgendiffraktion erlaubt nicht immer, die geringe Änderung der Gitterparameter zu bestimmen, die sich durch Einbau geringer Gehalte von Fremdionen in das Gitter ergeben. Da aber gerade die Bildung von festen Lösungen und die gegenseitige Beeinflussung nebeneinanderliegender Phasen für die Aufklärung der Vorgänge, die bei der Herstellung und dem Verschleiß der Sinterprodukte auftreten, entscheidend sind, soll in diesem Buch gezeigt werden, welche Möglichkeiten bei der Untersuchung feuerfester Stoffe die Elektronenstrahlanalyse bietet. Kurzgefaßte Grundlagen sind im Buch „Elektronenstrahl-Mikroanalyse" von H. MALISSA [3] enthalten. Mit den theoretischen Fragen der Röntgenoptik setzten sich Lehrbücher, wie z. B. BLOCHIN [1] oder FINKELNBURG [2], auseinander. Die in jüngster Zeit in den Vordergrund rückende und möglicherweise für die Untersuchungen feuerfester Materialien bedeutend werdende Auger-Elektronenspektroskopie ist in dem Buch ESCA von SIEGBAHN *et al.* [5] ausführlich beschrieben.

Da man in zahlreichen einschlägigen Zeitschriften schon seit Jahren Abhandlungen über den Einsatz dieser modernen Arbeitstechniken findet, erscheint es angebracht, eine zusammenfassende Darstellung dieses Gebietes zu geben.

Literatur

1. BLOCHIN, H. A.: Methoden der Röntgenspektralanalyse. Leipzig: B. G. Teubner Verlagsges. 1963.
2. FINKELNBURG, W.: Einführung in die Atomphysik, 11. und 12. Aufl. Berlin-Göttingen-Heidelberg-New York: Springer-Verlag. 1967.
3. MALISSA, H.: Handbuch der mikrochem. Methoden, Bd. IV, Elektronenstrahl-Mikroanalyse. Wien-New York: Springer-Verlag. 1966.
4. RIGBY, G. R., H. M. RICHARDSON, and F. BALL: Trans. Brit. Ceram. Soc. **46**, 313 (1947).
5. SIEGBAHN *et al.*: ESCA Atomic, Molecular and Solid State Structure Studied by Means of Electron Spectroscopy, Uppsala (1967). Nova Acta Regiae Societatis Scientiarum Upsaliensis Serie IV, Vol. 20.
6. TROJER, F., in H. FREUND: Handbuch der Mikroskopie in der Technik, Band IV, Teil 3, Frankfurt/Main: Umschauverlag. 1965. S. 171.

2. Geräte und Methoden

2.1. Lichtmikroskopie

Bei der Untersuchung feuerfester Stoffe nimmt die Lichtmikroskopie einen wichtigen Platz in der Skala der physikalischen Untersuchungsverfahren ein.

Nach KIENOW und SEEGER [3] hat die Lichtmikroskopie vor anderen Methoden den Vorzug, daß sie die Struktur der Oberfläche, d. h. Größe, Form und Verbindung der Gemengteile sowie deren Textur, deutlich erkennen läßt.

Struktur und Textur sind aber für die Beurteilung der feuerfesten Stoffe ebenso wichtig wie der Mineralbestand, der auch mit Hilfe der Röntgenbeugung bestimmt werden kann.

Als Untersuchungsmethodiken finden sowohl das Durchlicht- als auch das Auflichtverfahren gleichberechtigt Anwendung, wobei in vielen Fällen auch eine Kombination beider in Frage kommt.

Die Herstellung der Dünn- und Anschliffe sowie in besonderen Fällen von Dünn-Anschliffen ist hinreichend aus der Mineralogie bekannt. Selbstverständlich müssen bei wasserempfindlichen Proben organische Schleif- und Polierflüssigkeiten eingesetzt werden.

Eine zusammenfassende Aufstellung über die Möglichkeiten der Lichtmikroskopie findet sich z. B. im Handbuch der Mikroskopie in der Technik [1] und in der Stereometrischen Metallographie von S. A. SALTIKOV [5].

Bei der Mikroskopie muß die gesuchte Phase indirekt an ihren optischen bzw. Ätzeigenschaften erkannt werden. Dabei treten Schwierigkeiten vor allem bei glasigen bzw. amorphen Phasen sowie bei Mischkristallen auf.

Im Gegensatz dazu informiert die ESMA (= Elektronenstrahl-Mikroanalyse) direkt über Atomarten, die in der gesuchten Phase vorhanden sind, und liefert damit auch Aussagen über amorphe Bestandteile und eine genaue Zusammensetzung von Mischkristallen.

Aus der neueren Literatur über die Anwendung der Lichtmikroskopie auf spezielle Probleme der Feuerfestkunde seien hier nur folgende erwähnt.

Eine sehr umfangreiche Zusammenstellung über die oxidischen Kristallphasen anorganischer Industrieprodukte unter besonderer Berücksichtigung ihrer optischen Eigenschaften schuf TROJER 1963 [6]. Zahlreiche Verbindungen, die auf dem feuerfesten Gebiet eine wichtige Rolle spielen, sind hier eingehend beschrieben.

S. KIENOW und M. SEEGER (1965) [3] zeigen in ihrer Abhandlung über die Mikroskopie von Schamotte und Silikaerzeugnissen unter Einbeziehung von hochtonerdehaltigen und zirkonhaltigen Steinen die praktische Einsatzmöglichkeit des Lichtmikroskops auf dem sauren feuerfesten Sektor.

Im Beitrag von F. TROJER [1965) [7] über die Kristallkomponenten der gebrannten Magnesit- und Chrommagnesitsteine erweist sich besonders die Auflichtmikroskopie als ein wichtiges Hilfsmittel bei der Beurteilung dieser an Bedeutung immer mehr zunehmenden basischen Seite der feuerfesten Stoffe.

1967 beschrieben K. H. OBST und W. MÜNCHBERG [4] mit Hilfe der Auflichtmikroskopie den Mineralbestand und die Textur technischer Sinterdolomite in bezug auf ihre Verwendbarkeit.

Darüber hinaus sind in dem Standardwerk der Feuerfestkunde von HARDERS und KIENOW [2] der Mikroskopie einzelner Gebiete spezielle Kapitel gewidmet.

Beim Einsatz der Elektronenstrahl-Mikroanalyse auf dem feuerfesten Gebiet muß diese Literatur starke Beachtung finden.

Literatur

1. FREUND, H.: Handbuch der Mikroskopie in der Technik, Band I, Teil 1 und 2. Frankfurt/Main: Umschauverlag. 1955, 1960.
2. HARDERS, F., und S. KIENOW: Feuerfestkunde. Berlin-Göttingen-Heidelberg: Springer-Verlag. 1960.
3. KIENOW, S., und M. SEEGER: Mikroskopie von Schamotte und Silikaerzeugnissen, S. 101—154. In: H. FREUND, Handbuch der Mikroskopie in der Technik, Band IV, Teil 3. Frankfurt/Main: Umschauverlag. 1965.
4. OBST, K. H., und W. MÜNCHBERG: Tonindustriezeitung, **91**, 280 (1967).
5. SALTIKOV, S. A.: Stereometrische Metallographie, 2., umgewandelte und verbesserte Auflage. Moskau: Staatl. Techn. Wissenschaftl. Verlag der Literatur für Schwarz- und Buntmetallurgie. 1958.
6. TROJER, F.: Die oxidischen Kristallphasen der anorganischen Industrieprodukte. Stuttgart: Schweizerbart'sche Verlagsbuchhandlung. 1963.
7. TROJER, F.: Die Kristallkomponenten der gebrannten Magnesit- und Chrommagnesitsteine, S. 171—196. In: H. FREUND, Handbuch der Mikroskopie in der Technik, Band IV, Teil 3. Frankfurt/Main: Umschauverlag. 1965.

2.2. Elektronen- und Emissionselektronenmikroskopie

Ist ein besseres Auflösungsvermögen als in der Lichtmikroskopie erforderlich, muß das Elektronenmikroskop eingesetzt werden.

Erreicht man in der Lichtmikroskopie 1200fache Vergrößerung mit relativ geringem apparativem und experimentellem Aufwand, so wächst dieser mit der Forderung nach höherer Vergrößerung und besserer Auflösung stark an.

Im Laufe der Entwicklung auf dem Gebiet der Elektronenmikroskopie ergibt sich nun die Notwendigkeit einer Differenzierung. Bisher wurde unter Elektronenmikroskopie fast ausschließlich das Mikroskopieren mit durchtretenden Elektronen, also Transmissionselektronenmikroskopie, verstanden. Die Entwicklungen der jüngsten Zeit auf dem Gebiet der Analyse mit Elektronenstrahlen haben es mit sich gebracht, daß man nunmehr die von den Proben absorbierten und rückgestreuten Elektronen zur Bildherstellung verwenden kann. Daher ist es notwendig, das Gesamtgebiet der Elektronenmikroskopie zumindest in 4 Teilgebiete zu gliedern:

1. Transmissionselektronenmikroskopie,
2. Absorptionselektronenmikroskopie,
3. Reflexionselektronenmikroskopie,
4. Emissionselektronenmikroskopie.

2.2.1. Die Transmissionselektronenmikroskopie

Unter Ausnutzung der „Wellennatur" der Elektronen konnte das von der Wellenlänge der verwendeten elektromagnetischen Strahlung abhängige Auflösungsvermögen um etwa 3 Zehnerpotenzen verbessert werden. Die Transmissionselektronenmikroskopie machte aber die Ausarbeitung von Präparationsmethoden erforderlich, die meist sehr viel Erfahrung und Geschick voraussetzen, um Oberflächenabbildungen des Objektes herzustellen, die alle Einzelheiten unverfälscht wiedergeben. Auf die prinzipiellen Arbeits- und Präparationsmethoden der Transmissionselektronenmikroskopie soll hier nicht näher eingegangen werden, da darüber in Spezialwerken z. B.: [9] genügend Hinweise zu finden sind.

Diese Arbeitstechnik ist schon vielfach dazu verwendet worden, von feuerfesten Stoffen die Morphologie und Textur [5, 1] einerseits und den Verlauf von Sintervorgängen [2, 7] andererseits zu studieren. F. GRASENIK [3] zeigt die Möglichkeiten der Isolierung von Gefügebestandteilen feuerfester Stoffe unter Beibehaltung ihrer ursprünglichen Lagerung und deren Identifizierung, wobei die Anfertigung eines Umhüllungsfilmes die unmittelbare Erfassung der räumlichen Anordnung der Gefügebestandteile bis zu einer Tiefe von mehr als 50 μm gestattet. Die Identifizierung erfolgt z. B. durch Feinbereichs- und Feinstrahl-Elektronenbeugung, wobei Beugungsdiagramme direkt von der im Elektronenmikroskop beobachtbaren Stelle erhalten werden. Durch stufenweises Herauslösen der Komponenten am Umhüllungsfilm können mit Hilfe der Kapillartechnik und mikrochemischer Methoden die einzelnen Bestandteile analysiert werden. Mittels geeigneter topochemischer Reaktionen ist es möglich, die Verteilung bestimmter Elemente sichtbar zu machen.

2.2.2. Die Absorptionselektronenmikroskopie

Die eine Probe aufbauenden Komponenten unterscheiden sich durch die mittlere Ordnungszahl. Dies bewirkt ein unterschiedliches Absorptionsvermögen für auftreffende Elektronen, welches zur Kontrasterzeugung der „Absorberbilder" herangezogen wird. Darüber gibt Kapitel 3 mehr Informationen.

2.2.3. Die Reflexionselektronenmikroskopie

Trifft auf ein Präparat ein Strahl beschleunigter Elektronen, werden diese teilweise reflektiert und teilweise Elektronen aus den Atomen der Probe herausschlagen (Sekundärelektronen). Diese „rückgestreuten" Elektronen können zur Bilderzeugung herangezogen werden. Während die tatsächlich rückgestreuten Elektronen etwa die gleiche Energie wie die des Primärstrahls besitzen, liegt die

Energie der sekundären Elektronen von 0 bis 50 eV. Die apparativen Einrichtungen zur Bilderzeugung tragen diesem Energieunterschied Rechnung.

Kimoto und Hashimoto [4] entwickelten ein Verfahren zur gleichzeitigen Untersuchung von Probenzusammensetzung und Oberflächentopographie durch Registrierung der reflektierten Elektronen, deren Intensität eine Funktion der Zusammensetzung und der Beschaffenheit der Probenoberfläche ist. Als Elektronendetektoren werden hier p-n-Siliciumhalbleiterkristalle verwendet, die durch ihre hohe Ausbeute und große Stabilität äußerst wirksame Detektoren für Elektronen sind. Bei dieser Methode verwendet man ein Paar dieser Siliciumdetektoren, die eine stereoskopische Betrachtung der Probenoberfläche ermöglichen und gleichzeitig eine Auftrennung des Elektronenrückstreubildes in zwei Bildarten erlauben:

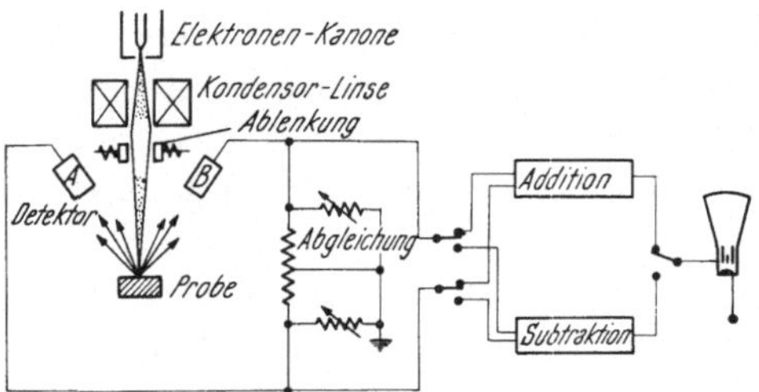

Abb. 1. Schematische Anordnung des Stereo-Detektorsystems im Elektronenstrahlabtastmikroskop

Eines dieser Bilder besteht aus den Kontrasten auf Grund der mittleren Ordnungszahl der Probe, gegeben durch die chemische Zusammensetzung. Das andere Bild besteht aus den Kontrasten auf Grund der Oberflächenbeschaffenheit, unabhängig von der chemischen Zusammensetzung. Abb. 1 zeigt schematisch die Versuchsanordnung.

Zwei dieser p-n-Siliciumhalbleiterkristalle sind im Probenraum angebracht. Die von jedem der beiden Detektoren gelieferten Signale ändern sich gleichsinnig, abhängig von der mittleren Ordnungszahl (chemische Zusammensetzung) der Probe. Andererseits ändern sich die Signale ungleichsinnig in Abhängigkeit von Oberflächeneffekten. Ist die Probenoberfläche vollkommen glatt, jedoch die Zusammensetzung der Probe unterschiedlich, so sind die beiden Signale gleich. Addiert man die beiden Signale, erhält man die Summe $A + B$. Diese Kurve entspricht den Änderungen in der chemischen Zusammensetzung. Die Subtraktion der beiden Signale ergibt jedoch eine gerade Linie, und die entstehende Kurve kann nur mehr die Oberflächentopographie zeigen, da der Einfluß der Zusammensetzung ausgeschaltet wurde. Im zweiten Fall, wenn die Probe zwar homogen, aber die Oberfläche rauh ist, sind die Signale der beiden Detektoren gegenläufig. Durch Addition ergibt sich nun eine Gerade, und man kann so die Oberflächeneffekte ausschalten. Die Differenz der beiden Signale A und B ergibt eine Kurve, die nur mehr von der Oberflächenbeschaffenheit abhängt. Der Vorteil dieser Methode liegt in der Möglichkeit, bei chemisch heterogenen und auch oberflächlich nicht ganz ebenen Proben die einzelnen Effekte aufzutrennen und gleich zwei Informationen über Zusammensetzung und Oberflächentopographie zu gewinnen.

2.2.4. Die Emissionselektronenmikroskopie

2.2.4.1. Emission durch primäre Elektronen

Die durch Elektronenstrahl erzeugten Sekundärelektronen werden sowohl in den „Emissionselektronenmikroskopen" als auch in den „Rasterelektronenmikroskopen" zur Bildherstellung verwendet.

Bevor auf die Wirkungsweise dieser neuen Gerätetypen eingegangen wird, soll der große Vorteil dieser Verfahren gegenüber der Transmissionselektronenmikro-

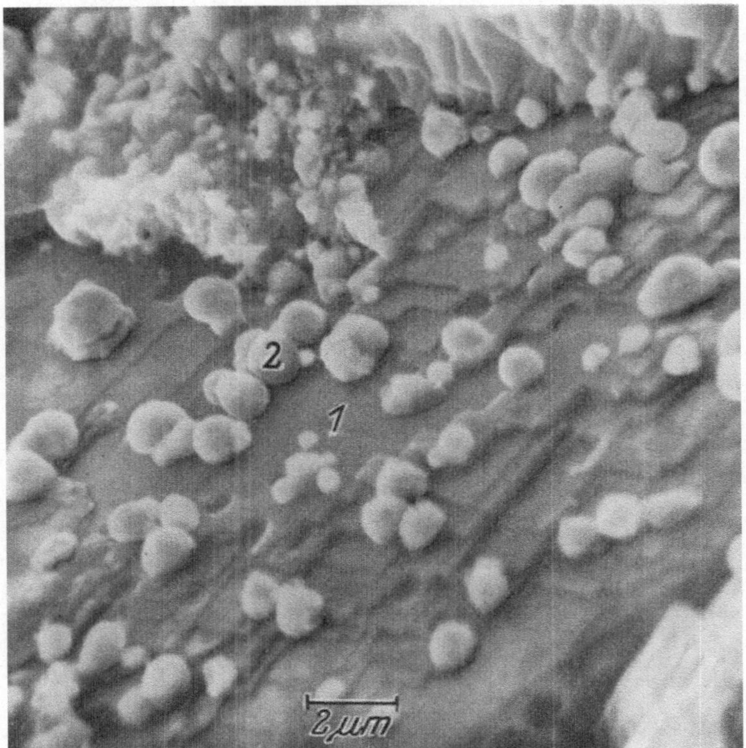

Abb. 2a. Rasterelektronenmikroskopisches Bild der Bruchfläche eines teergetauchten Dolomitsteines nach dem Einsatz
1 Sinterdolomit mit Treppenwachstum
2 Restkohlenstoff in kugelförmiger Ausbildung

skopie hervorgehoben werden: Ohne großen experimentellen Aufwand bei der Probenvorbereitung werden die in der Transmissionselektronenmikroskopie ähnlichen Vergrößerungen erreicht, wobei aber die Auflösung und die Schärfentiefe viel besser als bei der Lichtmikroskopie sind. Den Geräten mit der Bezeichnung wie z. B. „Rasterelektronenmikroskop" (REM), „Scanning Electron Microscope" (SEM) liegt folgende Wirkungsweise zugrunde: Ein sehr fein fokussierter Elektronenstrahl wird ähnlich wie bei einer Fernsehbildröhre punkt- und zeilenweise über die im Vakuum befindliche Probe geführt. Die durch den Primärstrahl von der Probe emittierten Elektronen gelangen auf einen Detektor, werden anschließend verstärkt und modulieren dann die Helligkeit einer Oszillographenbildröhre, die synchron mit dem Abrasterstrahl der Probe gesteuert wird. Man bekommt eine Abbildung der zu untersuchenden Oberfläche, die in verschiedenen Vergrößerungsstufen einstellbar ist. Die Probe kann direkt beobachtet werden, ohne daß spezielle Behandlungen und Präparationen erforderlich wären. Lediglich zur Herstellung einer Oberflächenleitfähigkeit ist eine leichte Bedampfung der Probe not-

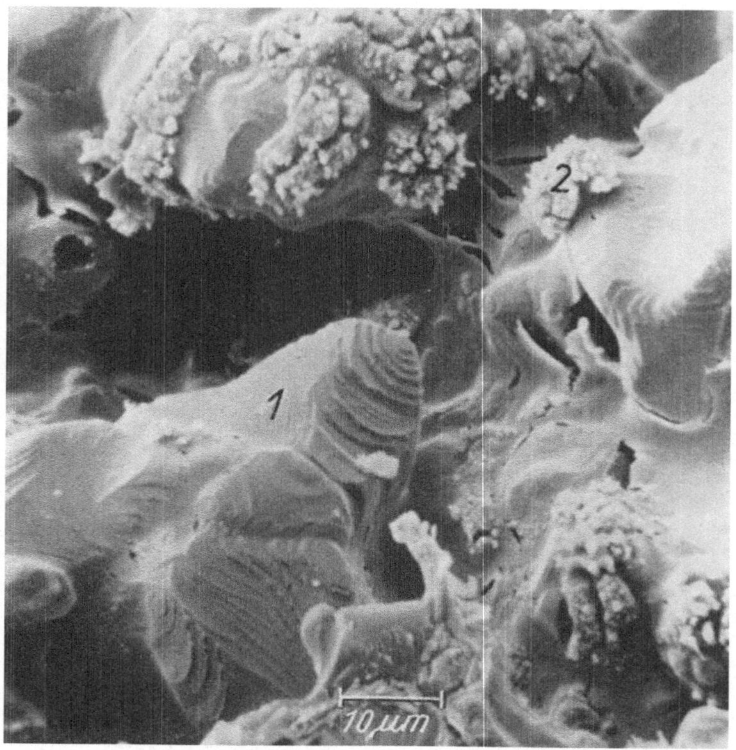

Abb. 2b. Rasterelektronenmikroskopisches Bild der Bruchfläche eines Teermagnesitsteines nach dem Einsatz im Aufblaskonverter
1 Sintermagnesit mit Stufenwachstum
2 Restkohlenstoff in nesterförmiger Ausbildung

wendig. Beobachtet werden Oberflächenreliefs, wie Bruchflächen von festen Körpern oder Pulver auf entsprechenden Unterlagen (siehe Abb. 2a und b). Falls Anschliffe untersucht werden, muß ein Materialkontrast oder unterschiedliche Mikrorauhigkeit vorliegen (Abb. 2c). Nach G. Pfefferkorn und R. Blaschke [8] läßt sich dieser Kontrast durch Verwendung von Sekundärelektronen, die durch vom Präparat rückgestreute Elektronen in der äußersten Bedampfungsschicht erzeugt wurden (Abb. 2c), noch steigern. Die Identifikation der beobachteten Kristallphasen erfolgt überwiegend durch ihre Morphologie. Da die Helligkeit des Signals sowohl vom Einfallswinkel des Elektronenstrahls als auch von der Materialeigenschaft (Ordnungszahl) abhängt, ist bei rauhen Oberflächen keine Identifikation durch Helligkeitsunterschiede möglich.

Eine neue Entwicklung auf diesem Gebiet stellt die Kombination des Rasterelektronenmikroskops (REM) mit energiedespersivem Röntgenanalysator dar.

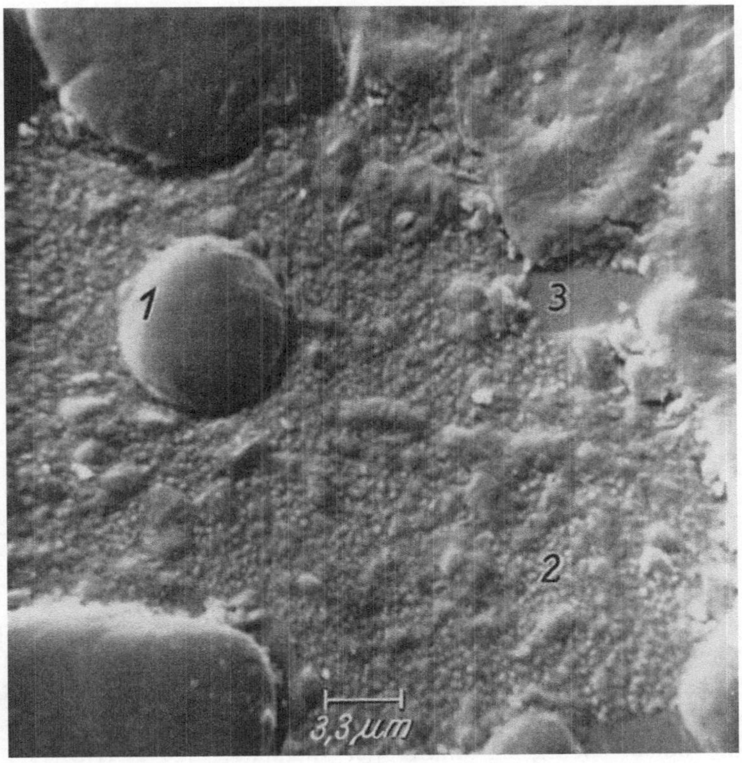

Abb. 2c. Rasterelektronenmikroskopisches Bild von Sinterdolomit — polierte und leicht geätzte Oberfläche

1 Periklas (MgO) *2* Calciumoxid (CaO) *3* Alit ($3CaO \cdot SiO_2$)

Empfänger sind Halbleiterkristalle aus Li-dotiertem Silizium, die (mit flüssigem Stickstoff) auf niedrigen Temperaturen gehalten werden müssen. Damit ist es möglich, an rauhen und glatten Oberflächen alle vorhandenen Elemente nebeneinander nachzuweisen [10]. Abb. 3 zeigt z. B. das Blockdiagramm eines solchen Analysators der Fa. Nuclear Diodes (USA). Er sortiert die Röntgenstrahlung direkt nach ihrer Energie, wobei die Röntgenstrahlen in den Detektor eintreten und Elektronen Defektelektronenpaare erzeugen. Eine am Kristall angelegte Arbeitsspannung (750 Volt) sammelt die dabei auftretenden Energien. Die Anzahl der freien Ladungsträger ist proportional zur Energie des einfallenden Röntgenquants. Die Ladung wird durch einen Feldeffekttransistor (FET) in Spannung umgewandelt und entsprechend verstärkt.

Der zweite Teil dieses Systems — genauso wichtig wie der Detektor selbst — ist ein Vielkanalanalysator.

Diese Vorrichtung sortiert die ankommenden Spannungsimpulse nach ihrer Höhe und speichert sie in einem entsprechenden Kanal. Da alle Verstärkerprozesse linear verlaufen, ist das Ergebnis auch ein lineares Röntgenenergiespektrum.

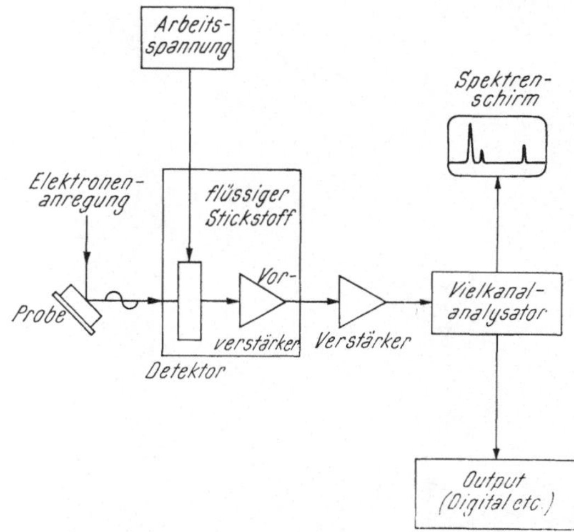

Abb. 3. Blockschaltbild eines energiedispersiven Festkörperdetektors EDAX (Fa. Nuclear Diodes)

Weil alle Röntgenstrahlen, unabhängig von ihrer Energie, simultan verarbeitet werden, zeigt das Spektrum alle vorhandenen Emissionspeaks. Weiterhin ist die Detektorleistung praktisch 100% für die meisten der interessierenden Röntgenstrahlen, nur begrenzt durch die Detektordicke und durch das Eintrittsfenster, welches die weiche Röntgenstrahlung der Elemente [Z $<$ 11 (Na)] vollständig absorbiert.

Außerdem ist es möglich, einen großen Raumwinkel zu erfassen und durch Aufstellung nahe bei der Strahlungsquelle viele Röntgenstrahlen einzufangen.

Abb. 4 zeigt als Beispiel die frische Bruchoberfläche eines Sinterdolomits, einmal mit Sekundärelektronen (SE), zum anderen mit Röntgen-Kα-Strahlung für die Elemente Fe, Mg und Ca. Die im SE-Bild dunklen rundlichen Aggregate in der Bildmitte links erwiesen sich als das MgO, während es sich bei den helleren eckigen Partien in der Bildmitte rechts um CaO handelt. Auch die Lokalisierung des Fe kann man — wenn auch erheblich schwieriger — anhand des FeKα-Bildes vornehmen. Damit wurde eine Methode entwickelt, die besonders auf die Morphologie ansprechenden Bilder des Rasterelektronenmikroskops deuten zu können.

2.2.4.2. Emission durch thermische Anregung

Bei diesem Verfahren erfolgt die Loslösung der Sekundärelektronen durch Erhitzen des Objektes. Man kann somit Festkörper, die elektrisch leiten, wie solche, die nicht leiten, ohne weiteres bei verschiedenen Temperaturen und hoher Vergrößerung untersuchen, Kornwachstums- und Rekristallisierungsvorgänge z. B. direkt beobachten und zeitlich nacheinander photographisch festhalten.

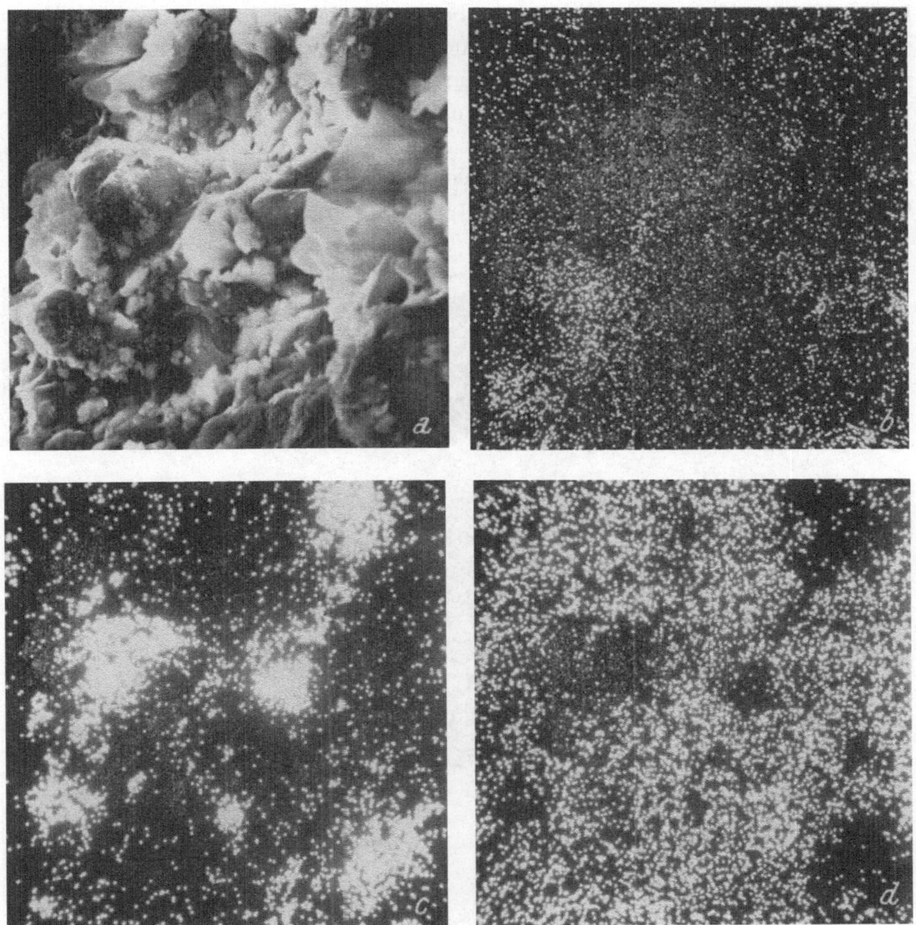

Abb. 4. Sinterdolomitbruchfläche im Rasterelektronenmikroskop
a) Sekundärelektronenbild (2500×),
b) in Röntgen FeKα aufgenommen mit dem EDAX-System,
c) in Röntgen MgKα aufgenommen mit dem EDAX-System,
d) in Röntgen CaKα aufgenommen mit dem EDAX-System

2.2.4.3. Emission durch Ionen bzw. UV-Anregung

Neben der thermischen Anregung und dem Beschuß mit dem Elektronenstrahl kann die Sekundärelektronenemission auch durch beschleunigte Ionen oder UV-Licht erreicht werden. Diese Methoden, die bei metallischen Werkstoffen große Erfolge erzielt haben, beginnen sich bei den feuerfesten Stoffen erst durchzusetzen [11]. Als besondere Stärke der eben beschriebenen Untersuchungsmethoden wird die Möglichkeit der Unterscheidung zwischen „fester Lösung" und physikalischem Gemenge so kleiner Teilchen angesehen, daß sie im Lichtmikroskop nicht mehr aufgelöst werden können. Zum Beispiel treten in feuerfesten Materialien Phasen auf, die zwar mikroskopisch als „einheitlich" zu betrachten sind, auf Grund von ESMA-Untersuchungen aber keine einheitlichen Verbindungen sein können. In solchen Fällen kann ein besseres Auflösungsvermögen der Untersuchungsmethode Klarheit verschaffen [6]. Ebenso könnten „Mischkristalle" physikalische Gemenge von Teilchen darstellen, die weder mit dem ESMA noch mit dem Lichtmikroskop zu erkennen sind.

Eine Kombination von thermischer und UV-Anregung liegt beim Metioskop KE 3 der Firma Balzer vor, das zu diesem Zweck mit einer speziellen Heizvorrichtung ausgerüstet wurde, die es gestattete, Reaktionen in keramischen Stoffen bis

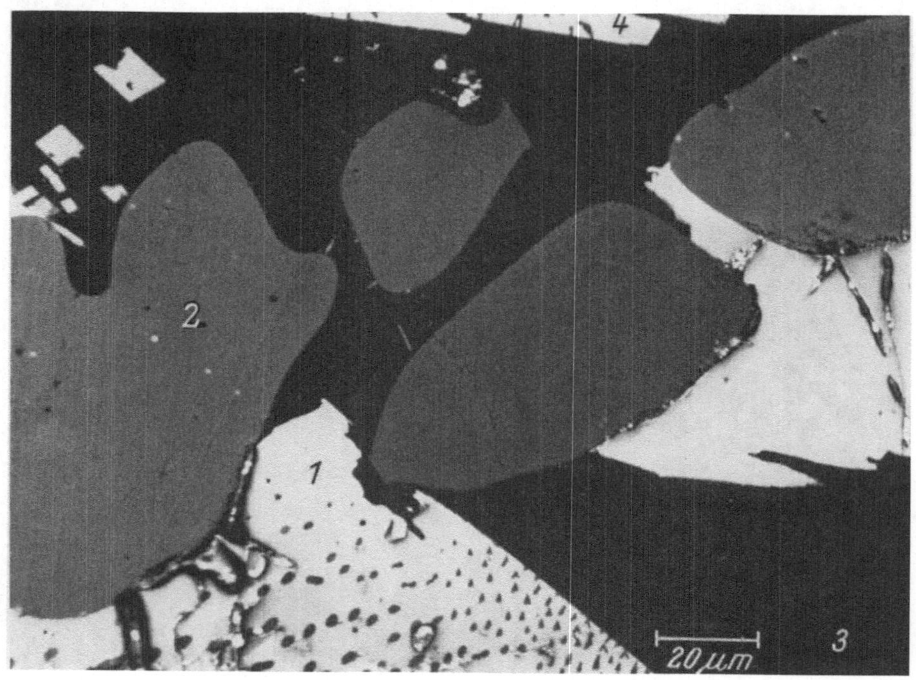

Abb. 5a. UV-Auflichtelektronenmikroskopisches Bild mit *Metioskop KE 3* (Fa. Balzers). Schmelzgegossener Zirkonoxid-Mullit-Stein (ZAC). Ausgangsgefüge bei 700° C

1 Korund (Al_2O_3) *3* Restschmelze
2 Baddeleyit (ZrO_2) *4* Mullit ($3 Al_2O_3 \cdot 2 SiO_2$)

2000° C zu beobachten [11]. Bei vorzüglichem Materialkontrast konnten Phasenumwandlungen, Diffusionen und Bildung von örtlichen Schmelzen an einem schmelzgegossenen Chrommagnesitstein, einem schmelzgegossenen Zirkonoxid-Mullit-Stein (ZAC) und einer Glasoberfläche beobachtet werden.

Abb. 5a zeigt zunächst das unveränderte Ausgangsgefüge bei 700° C. Die primär aus der Schmelze eines Zirkonoxid-Mullit-Steines ausgeschiedenen dendritischen Kristalle von Baddeleyit (ZrO_2) erscheinen im Photoemissionsbild mittelgrau. Hell erscheinen Korundkristalle (Al_2O_3), die sich zusammen mit sekundärem ZrO_2 eutektisch ausgeschieden haben. Die siliciumreiche Restschmelze ist glasig erstarrt und erscheint dunkel. Innerhalb der Glasmatrix haben sich nadelige Mullitkristalle ($3 Al_2O_3 \cdot 2 SiO_2$) mit viereckigem Querschnitt gebildet. Nach dem Aufheizen der Probe auf 1700° C erkennt man mehrere Änderungen im Gefüge (Abb. 5b):

1. Die ZrO_2-Kristalle erscheinen inhomogen. Nach dem Durchschreiten des Transformationspunktes, der bei ca. 1050° C liegt (Umwandlung monoklin-tetragonal), sind die Kristallite wahrscheinlich zu einem polykristallinen Aggregat der Hochtemperaturmodifikation zerfallen.

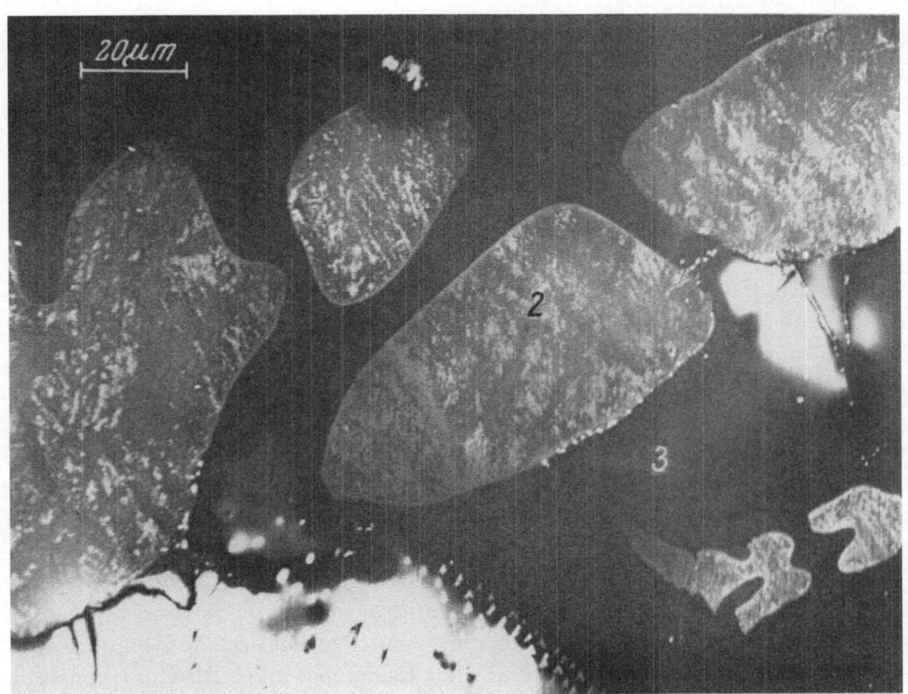

Abb. 5b. UV-Auflichtelektronenmikroskopisches Bild mit *Metioskop KE 3* (Fa. Balzers). Schmelzgegossener Zirkonoxid-Mullit-Stein (ZAC). Gefüge bei 1700° C
1 Korund (Al_2O_3) *2* Baddeleyit (ZrO_2) *3* Schmelze

2. Die flüssig gewordene Glasmatrix hat die Mullitnadeln aufgelöst und die Ränder der Korunde angegriffen, während die schwerer löslichen ZrO_2-Kristalle stehengeblieben sind. Das ist besonders deutlich an dem eutektischen ZrO_2-Al_2O_3-Gefüge zu erkennen, in das die Schmelze selektiv vordringt (unterer linker Teil der Abb. 5b).

Literatur

1. Degueldre, L.: Bull. Soc. Ceram. **28**, 291 (1955).
2. Degueldre, L.: Trabajos Reunion Reaktividad Solidos 3°, Madrid, **2**, 239 (1956).
3. Grasenick, F.: Radex-Rundschau. 1957, 843.
4. Kimoto, S., and M. Hashimoto: Pittsburgh, Conf. on Analyt. Chemistry and Applied Spectroscopy, 1964. US 189, Electron Probe Symposium, Electrochemical Society, Washington D.C., Oktober 1964.
5. Krohina, A. I.: Izv. Akad. Nauk SSSR Ser. Fiz. **27**, 1224 (1963).
6. Malissa, H., und H. Chr. Horn: Radex-Rundschau. 1968, 149.
7. Pande, A., Rabindar, and Sincom: J. Am. Ceram. Soc. **41**, 394 (1958).

8. Pfefferkorn, G., und R. Blaschke: Beiträge zur elektronenmikroskopischen Direktabbildung von Oberflächen. Band I, 1 (1969).
9. Schimmel, G.: Elektronenmikroskopische Methodik. Berlin-Heidelberg-New York: Springer-Verlag. 1969.
10. Weihrauch, J.: Beiträge zur elektronenmikroskopischen Direktabbildung von Oberflächen. Band I, 121 (1969).
11. Zaminer, Ch.: Abbildung von keram. Stoffen zwischen Raumtemperatur und 2000° C mit dem Photoemissions-Elektronenmikroskop. Vortrag auf der Tagung der österr. Arbeitsgem. für Ultrastrukturforschung und der Deut. Gesellsch. für Elektronenmikroskopie, 25. 9. 1969 in Wien, demnächst in der „Optik".

2.3. Röntgen-Emissionsspektralanalyse

Unter Röntgen-Emissionsspektralanalyse werden Analysenverfahren verstanden, bei denen nach Anregung der charakteristischen Röntgenstrahlung der Elemente einer Probe einerseits durch Messung der Wellenlänge der Strahlung qualitative Aussagen gemacht, andererseits durch Intensitätsmessungen der Linien quantitative Analysen durchgeführt werden können. Erfolgt die Anregung durch Röntgenstrahlung, spricht man von Röntgenfluoreszenzanalyse (RFA), erfolgt sie durch einen dünnen Strahl hochenergetischer Elektronen, handelt es sich um die hier besonders berücksichtigte Elektronenstrahl-Mikroanalyse (ESMA) bzw. die Röntgenemissionsanalyse mit primärer Elektronenanregung.

An Hand der Bragg-Gleichung $n \cdot \lambda = 2d \cdot \sin\theta$ kann die Röntgenemissionsspektroskopie als Umkehrung der Röntgendiffraktionsmethode gewertet werden. Bei der Diffraktion wird mit Hilfe eines monochromatischen Röntgenstrahls bekannter Wellenlänge λ durch Messung des Beugungswinkels die Gitterkonstante d bestimmt. Ist umgekehrt d bekannt, kann durch Messung von λ die Wellenlänge der Strahlung errechnet werden. Diese ist nach den grundlegenden Arbeiten von Moseley charakteristisch für ein bestimmtes Element.

2.3.1. Röntgenemissionsanalyse durch Röntgenstrahlanregung (RFA)

Während die Elektronenanregung als analytische Methode erst in den letzten Jahren wieder mehr an Bedeutung gewann, besonders durch das Vordringen zu niederen Ordnungszahlen, hat die RFA dem analytisch arbeitenden Chemiker schon lange Zeit ausgezeichnete Dienste erwiesen. Die Einfachheit der Analysendurchführung sowohl kompakter, pulverförmiger, fester als auch flüssiger Substanzen bei großer Genauigkeit und Reproduzierbarkeit der Analysenergebnisse ist die Ursache für die weite Verbreitung dieses Analysenverfahrens. Zu Beginn war diese Analysenmethode beschränkt auf die Elemente der Ordnungszahl 22 bis 92 (Ti bis U). Durch das Arbeiten im Vakuum und nach weiteren Verbesserungen und Neuentwicklungen an den Goniometersystemen ist auch die Analyse der Elemente mit Ordnungszahlen zwischen 9 und 22 (F und Ti) möglich geworden. Mit dieser Erweiterung gewann die RFA nunmehr auch für das Gebiet der Feuerfestindustrie große Bedeutung, da die hier verarbeiteten oxidischen Materialien ebenfalls analysiert werden konnten.

Da in Bereichen, deren flächenmäßige Ausdehnung mindestens einige Millimeter beträgt, Fluoreszenzstrahlung erzeugt wird, können nur quantitative Durchschnittsanalysen ausgeführt werden. Auf Grund der guten Reproduzierbarkeit und des geringen Zeitaufwandes ist die RFA für Serienanalysen zum Zwecke der Betriebskontrolle den anderen Analysenverfahren überlegen [8, 1, 16]. Diese Eigenschaften haben weiter dazu geführt, daß bereits in vielen technischen Großbetrieben automatische RFA-Anlagen im Einsatz stehen [12]. Auf die zahlreichen theoretischen Probleme und unzähligen Anwendungsbeispiele sowie auf die verschiedensten Präparations- und Analysenmethoden sei an dieser Stelle auf die einschlägige Fachliteratur verwiesen [11, 18, 3, 13]. Näher hingewiesen soll hingegen auf die Fehlermöglichkeiten werden, die sich bei der Analyse von pulverförmigen Proben ergeben können, weil gerade in der Feuerfestindustrie vorwiegend Pulver zur Analyse gelangen.

Hautecler [10] und Wecht [17] haben den Einfluß der Korngröße, der Matrix und Kristallstruktur auf die gemessenen Röntgenintensitäten bei pulverförmigen Schamotten bzw. Eisenerzen näher untersucht. Auf die Beobachtungen von Adler [2], Haftka [9], Guinier [7] und Campell [4] und auf eigene Untersuchungen gestützt, folgert Hautecler, daß sich durch Zerkleinerung eines Stoffes die Intensität der betrachteten Fluoreszenzlinie erhöht, weil auf Grund der verringerten Teilchengröße und der besseren Verteilung über die Grundmasse die Absorption der fluoreszierenden Körner sich verringert zugunsten der Absorption in der Matrix. Mathematische Betrachtungen dieses Einflusses stellt Claisse [5] an. Die Differenz zwischen Höchst- und Tiefstwert bei einer Al_2O_3-Bestimmung im Schamotte [17] beträgt bei einer Körnung von 50 bis 100 μm 3,3%. Der Al_2O_3-Gehalt beträgt in beiden Körnungen etwa 39%.

Durch unterschiedliche Absorption der Erregerstrahlung und der betrachteten Fluoreszenzstrahlung in den einzelnen Komponenten des Probengutes werden „Matrixeffekte" verursacht, die nur durch Wahl geeigneter Standardproben richtig erfaßt werden können. Obwohl Ebel [6] einen Weg zeigt, mit Reinelementstandards Mehrkomponentensysteme quantitativ zu analysieren („absolute" RFA), dürfte man speziell auf mineralogischem Gebiet sehr stark auf Standardproben angewiesen sein, die nicht nur in bezug auf chemische Zusammensetzung, sondern auch hinsichtlich der Kristallstruktur der einzelnen Komponenten und Präparationsmethode (Korngröße, Preßdruck, Preßhilfen, Bindemittel) der zu untersuchenden Probe sehr ähnlich sind.

Claisse [5] weist ferner auf den Einfluß der chemischen Bindung hin, die unter Umständen das Verhältnis zwischen Strahlungsintensität und Konzentration des bestimmten Elements weitgehend wegen der unterschiedlichen Kristallstruktur ändern kann. Campell und Thatcher [4] erklären diese Erscheinung mit der Änderung des Massenschwächungskoeffizienten, der von der Dichte der Komponenten abhängt. Sie zeigen, daß eine Feinstzerkleinerung die Möglichkeit bietet, die Fluoreszenzstrahlung gleichmäßiger zu gestalten, wenn das betrachtete Element nicht zugleich das am stärksten wirkende Absorptionsmittel ist. Außer diesen Strukturunterschieden können die unterschiedlichen Bindungsverhältnisse die Lage der Absorptionskanten beeinflussen.

Da die Matrixeffekte die Genauigkeit der Analysenergebnisse so entscheidend beeinflussen, sei abschließend die interessante Arbeit von Stetter und Kern [15] erwähnt, mit der gezeigt werden sollte, daß es möglich ist, eine Präparationsmethode zu erarbeiten, die die Interelementeffekte weitestgehend ausschaltet und außerdem allgemein anwendbar ist. Durch Aufschmelzen der zu analysierenden Probe mit Ba-Borat und Ba-Karbonat erreicht man praktisch eine Verdünnung mit einem „schweren" Element, so daß die Unterschiede zwischen den Elementen der Probe praktisch ausgeglichen werden.

2.3.2. Röntgenemissionsanalyse durch Elektronenstrahlanregung

Gegenüber der RFA liegt bei der primär angeregten Röntgenemissionsanalyse die Ausdehnung der nachweisbaren Elemente in Richtung niederer Ordnungszahlen. Die prinzipielle Arbeitsweise ist im wesentlichen die gleiche wie bei der Elektronenstrahl-Mikroanalyse (Kapitel 3). Nur werden hier durch einen weniger stark gebündelten Elektronenstrahl viel größere Bereiche zur Röntgenemission angeregt und man kommt schon allein dadurch in die Nähe des Gebietes der Durchschnittsanalyse [14].

Literatur

1. Adelmann, R. A., and A. H. Smallbane: Miner. Process. **8**, 10 (1967).
2. Adler, I., and J. M. Axelrod: Adv. X-ray Analysis **1** (1960).
3. Birks, L. S.: X-ray Spectrochemical Analysis. New York: Interscience Publishers Inc. 1959.
4. Campell, W. J., and J. N. Thatcher: Adv. X-ray Analysis **2** (1960).
5. Claisse, F., et C. Samson: Effets des Hétérogénéités en fluorescence des rayons X. Publication de Ministère des Recherches naturelles. Province de Québec, Canada (1962).
6. Ebel, H.: Mikrochim. Acta Suppl. I, **83** (1966).
7. Guinier, A.: Rev. Univ. Mines **104**, 143 (1960).
8. Guinier, A.: Adv. X-ray Analysis **5**, 486 (1962).
9. Haftka, F. J.: Rev. Univ. Mines **102**, 549 (1959).
10. Hautecler, M., und M. Lesir: Arch. Eisenhüttenwesen **35**, 1165 (1964).
11. Kaelble, E. F.: Handbook of X-rays. New York-San Francisco-Toronto-London: McGraw-Hill Book Co. 1967.
12. Kolostori, J.: Epitoanyag **18**, 424 (1966).
13. Liebhafsky, H. A., H. G. Pfeiffer, E. H. Winslow, and P. D. Zemany: X-ray Absorption and Emission in Analytical Chemistry. New York: J. Wiley & Sons Inc. 1960.
14. Malissa, H., und M. Grasserbauer: Mikrochimica Acta, 914 (1970).
15. Stetter, A., und H. Kern: Archiv f. Eisenhüttenw. **36**, 485 (1965).
16. Tomoya, Arai: Kagyo Kagaku Zasshi **67**, 1733 (1964).
17. Wecht, P.: Tonind.Ztg. Keram. Rdsch. **96**, 75 (1962).
18. Review X-ray-Emission and Absorption analysis, Anal. Chem. der Jahre 60, 62, 64, 66 [April-Hefte].

2.4. Röntgendiffraktion

Die Röntgendiffraktionsanalyse ist bei der Untersuchung feuerfester Stoffe, die überwiegend aus kristallinen Phasen aufgebaut sind, nicht mehr fortzudenken.

Grundlage ist die Braggsche Reflexionsbedingung:

$$n \cdot \lambda = 2d \cdot \sin\theta$$

wobei die Wellenlänge λ und der Reflexionswinkel θ bekannt sind und der Netzebenenabstand d berechnet wird. Jedes Element, jede Verbindung und jeder Mischkristall von kristallinem Charakter hat eine bestimmte, ihm eigentümliche und aus dem Röntgenbeugungsbild erkennbare Atomanordnung, das Raumgitter, und die Netzebenenabstände sind in den verschiedenen Richtungen für eine Kristallstruktur Konstanten.

Man unterscheidet bei der Diffraktion

a) Einkristallverfahren,
b) Pulvermethoden,
c) Texturuntersuchung.

Für die Untersuchung feuerfester Stoffe kommt überwiegend das Debye-Scherrer-Verfahren mit dem Zählrohrgoniometer zur Anwendung. Nach JUMPERTZ [9] lassen sich folgende Aufgaben mit diesem Verfahren lösen:

1. die Bestimmung der Gitterkonstanten (wichtig für Mischkristalle),
2. die qualitative Phasenanalyse (Identitätsnachweis eines Stoffes durch Vergleich mit bekannten Gittern),
3. die quantitative Phasenanalyse (Auswertung der Interferenzintensitäten der vorhandenen Raumgitter).

Für die Aufgaben 1 und 2 steht in idealer Weise z. B. die ASTM-Kartei [1] zur Verfügung, in der Gitterkonstanten und Netzebenenabstände (d-Werte) fast aller auf dem Feuerfestgebiet vorkommenden Phasen zu finden sind. Außerdem sind die 5 bis 8 stärksten Interferenzen vieler feuerfester Oxide bei TROJER [10] aufgeführt.

Während das qualitative Verfahren verbreitet Anwendung gefunden hat, ist die quantitative Phasenanalyse mit zahlreichen Problemen behaftet.

Gemessen wird die Linienintensität, die außer vom Gewichtsanteil der Substanz auch noch von der Absorption, Korngröße und der Textur des Pulverpräparates abhängig ist.

Für die quantitative Erfassung gilt nach SMOLCZYK [8] die Grundformel

$$I_i = I_i^0 \cdot x_i \cdot \frac{\mu_i}{\mu_G}$$

I_i = Intensität einer Interferenz der Phase i
I_i^0 = Intensität dieser Interferenz bei 100% der Phase i
x_i = Gewichtsanteil der Phase i
μ_i = Massenschwächungskoeffizient der Phase i
μ_G = Massenschwächungskoeffizient der gesamten Mischung

Man unterscheidet weiterhin die Methode nach: *internal* bzw. *external Standard.*

Zur Analysenmischung wird im ersten Fall eine definierte Menge der Standardsubstanz zugemischt.

Im zweiten Fall werden von der reinen Analysenmischung und der Standardsubstanz getrennte Aufnahmen angefertigt und dann I_i und I_i^0 des gesuchten Materials in Prozenten der Intensität I^0 einer Standardlinie ausgedrückt. In beiden Fällen müssen durch zahlreiche Versuchsreihen Eichkurven aufgestellt werden. Eine ausführliche Diskussion beider Standardverfahren findet sich bei SMOLCZYK [8] am Beispiel des Zements.

Ohne Eichkurven und mit relativ einfacher Präparation arbeitet das „Gunier-Diffraktometer" nach JUMPERTZ [9]. Durch genaue Messungen der Reflexionsintensitäten und der Absorptionskoeffizienten wird die quantitative Gemengeanalyse zu einer Schnellmethode.

Die Nachteile der Röntgenbeugungsanalyse liegen in folgenden Bereichen:

1. Durch Koinzidenzen von charakteristischen Beugungslinien können vorhandene Phasen verdeckt werden.
2. Die Nachweisgrenzen einiger Verbindungen liegen relativ hoch, so daß sich Phasen in geringen Mengen der Erfassung entziehen können.
3. Die Substanz muß mechanisch zerstört (gemahlen) werden, eine Untersuchung in situ ist daher nicht möglich.
4. Die quantitative Erfassung ist zur Zeit als kompliziert und nicht fehlerfrei anzusehen.

Von diesem Standpunkt ist es daher durchaus wünschenswert, mit der ESMA eine weitere Methode vor allem zur Bestimmung gering vorhandener Phasen zu besitzen.

Es war naheliegend, den feingebündelten und mit hoher oder niedriger Energie versehenen Elektronenstrahl, der ja die wesentlichen Eigenschaften einer Welle besitzt, sowohl zur üblichen Beugung beim Durchgang durch dünne Schichten als auch zur Beugung und Reflexion bei dicken Probeschichten zu verwenden. Aus der Natur der Elektronenstrahlen ergeben sich aber von vornherein

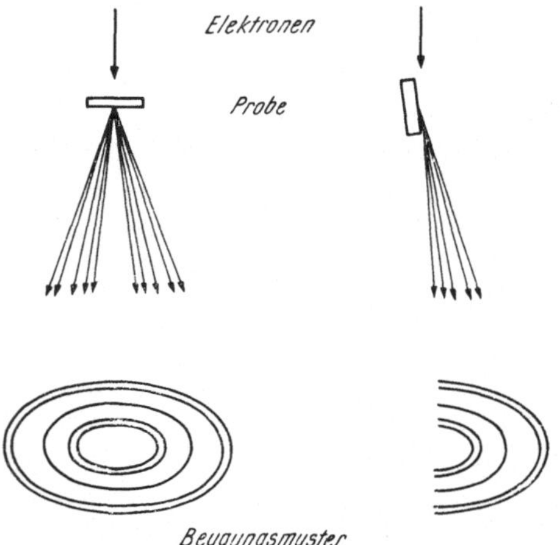

Abb. 6. Mikrodiffraktion (schematisch)

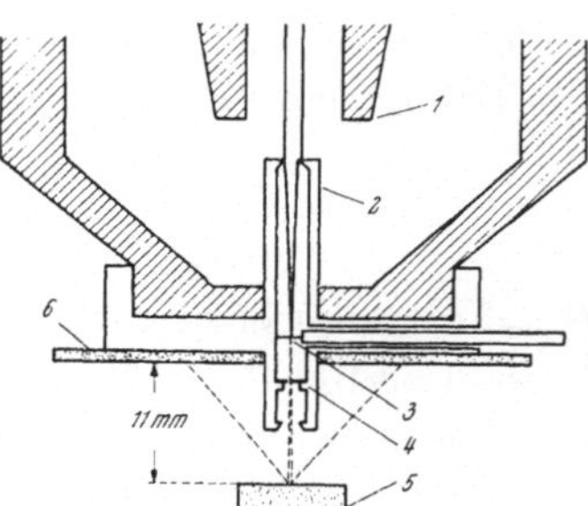

Abb. 7. Mikrodiffraktion nach ICHINOKAWA und UYEDA

Schwierigkeiten, die im Gegensatz zu den Röntgenstrahlen schon von der leichteren Absorbierbarkeit herrühren. Beim Durchgang von Elektronenstrahlen durch genügend dünne Proben wird man ein der Röntgenbeugung gleiches oder ähnliches Muster erhalten. Bei der Durchstrahlung von Kristallen erhält man „Laue-Diagramme", bei Durchstrahlung dünner Metallfolien mit Elektronen einheitlicher Geschwindigkeit erhält man Beugungsringe, wie sie in Röntgenstrahlen an Kristallpulvern erhalten werden, und diese geben — wenn ein

Metall aus regellos angeordneten Kriställchen besteht — ebenfalls einen Einblick in den kristallinen Aufbau im kleinsten Bereich. In Zukunft wird wahrscheinlich dieser Technik mehr Beachtung als bisher geschenkt werden müssen. Abb. 6 zeigt schematisch die Vorgänge.

Wird aber an Stelle des Elektronenstrahls die ebenfalls über ein Target (Standardprobe) erzeugbare Röntgenstrahlung zur Untersuchung herangezogen, so können damit wie üblich Einkristall- oder Pulveraufnahmen gemacht werden. ICHINOKAWA und UYEDA [7] haben einen Elektronenstrahl-Mikroanalysator-Zusatz, in Abb. 7 gezeigt, verwendet. Das Wesentliche dabei ist ein dünnes Kupfer- oder Wolframtarget (hier nicht im Sinne einer Probe zu verstehen), das zwischen Probe und zweiter Fokussierungslinse (1) in Form eines dünnen Plättchens (3) angebracht wird. Der Elektronenstrahl wird auf das Target fokussiert, und die daraus austretenden Röntgenstrahlen gehen durch ein als Blende dienendes Loch von 10 μm Durchmesser (4) und treffen auf die Probe (5) auf. Der auf die Probe auftreffende Röntgenstrahl hat etwa 20 μm Durchmesser. In einer Entfernung von 11 mm fällt das zurückgestrahlte Diffraktionsmuster auf den Film (6).

Literatur

1. ASTM: Americ. Society for Testing Materials. X-Ray Powder Diffraction Data File, USA.
2. ARDENNE, M. VON: Naturwiss. **27**, 485 (1939).
3. BIRKS, L. S.: Electron Probe Microanalysis, New York: Interscience. 1963.
4. BIRKS, L. S., and E. J. BROOKS: Rev. Sci. Instr. **28**, 709 (1957).
5. BOROVSKIJ, I. B.: Proleny Metallurgii. Moskau: Akad. d. Wiss. d. UdSSR. 1953.
6. BOROVSKIJ, I. B., and N. P. ILJIN: Zavod. Lab. **10**, 1234 (1957).
7. ICHINOKAWA, T., R. UYEDA, and V. E. COSSLETT: Proc. 3rd Int. Symp. X-Ray Optics and X-Ray Microanalysis, Stanford, 1962. New York: Academic Press. 1963.
8. SMOLCZYK, H. G.: Zement-Kalk-Gips **9**, 391 (1961).
9. JUMPERTZ, E. A.: Fortschritte d. Mineralog. **42**, 87 (1965).
10. TROJER, F.: Die oxidischen Kristallphasen der anorgan. Industrieprodukte. Stuttgart: Schweizerbart'sche Verlagsbuchhandlung. 1963.

2.5. Mikroradiographie

Unter Mikroradiographie werden die Methoden der „Röntgenmikroskopie" [1, 3, 8] verstanden, die die Möglichkeit bieten, Röntgenstrahlen analog den Lichtstrahlen zur Abbildung von Objekten heranzuziehen. Wie MITSCHE und DICHTEL [6] zeigen, wird die Probe mit einer feinkörnigen lichtempfindlichen Schicht (Feinkornplatte oder Film) in Kontakt gebracht und mit Röntgenstrahlen durchstrahlt. Infolge der unterschiedlichen Massenschwächungskoeffizienten der einzelnen Phasen und Einschlüsse kommt es zu einer verschiedenen Schwärzung der Photoschicht. Durch eine Nachvergrößerung können 400fache Gesamtvergrößerungen erreicht werden. Das maximale Auflösungsvermögen wird durch die Korngröße der lichtempfindlichen Emulsion begrenzt (ca. 0,1 bis 0,3 μm).

Die Probenvorbereitung erfordert keinerlei zusätzlichen Arbeitsaufwand. Dünnschliffe mit einer Dicke bis zu 150 μm können bei der Untersuchung mineralogischer Proben einwandfrei eingesetzt werden.

Im Zusammenhang mit der ESMA ist die sogenannte Kontaktmikroradiographie das am einfachsten anzuwendende Verfahren. Dabei ist als besonderer Vorteil anzusehen, daß die Röntgenstrahlung in Sekundenschnelle gewechselt werden kann, da man je nach vorhandenen Standards jede gewünschte Röntgenstrahlung zu erzeugen imstande ist. Unter Ausnutzung der unterschiedlichen Absorptionskanten kann eine qualitative Aussage über die einzelnen Komponenten gemacht werden.

Diese Arbeitstechnik wurde bereits bei der Untersuchung von z. B. Mulliten, Chrommagnesiten [2] und Magnesiten [7] sowie anderen Problemen [9, 10, 4] mit Erfolg angewendet und sollte in Laboratorien, die Phasenanalysen mit Hilfe der Röntgendiffraktion durchführen, als leicht erreichbare, zusätzliche Aussagemöglichkeit in Betracht gezogen werden.

Für die nachfolgenden Kontaktmikroradiographien [5] wurden die mit Hilfe eines Elektronenstrahl-Mikroanalysators (JEOL-JXA) erhaltenen Röntgenstrahlen herangezogen. Diese Arbeitstechnik bietet zwei wesentliche Vorteile:

1. Der Durchmesser des Brennfleckes liegt je nach Intensität und Behandlung des Elektronenstrahls im Bereich von 1 bis 38 μm. Dadurch wird die Konturenschärfe wesentlich erhöht.

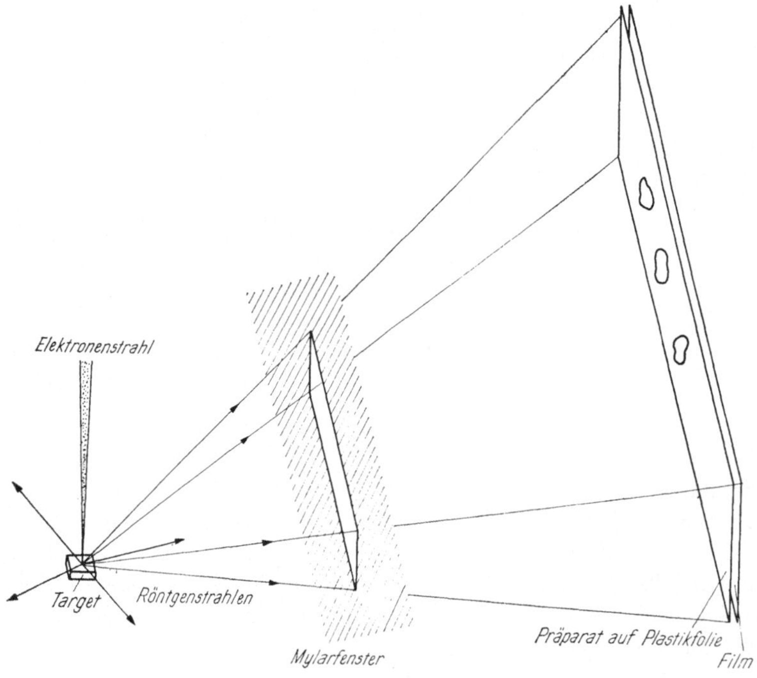

Abb. 8. Schema der Anordnung für die Mikroradiographie von Feldspäten

2. Die Röntgenstrahlung läßt sich in Sekundenschnelle wechseln, da man je nach vorhandenen Standards (Targets) jede gewünschte Röntgenstrahlung ohne Austausch von Röntgenröhren erzeugen kann. Als Targetmaterial genügen dabei Volumina in der Größe von etwa 1 mm^3, und es können sogar, im Gegensatz zu den

übrigen Röntgenquellen, Nichtmetalle oder nichtmetallische Verbindungen nach vorhergehender Bedampfung mit Kohlenstoff als Emitter verwendet werden, z. B. um eine CaK_{α}-Strahlung zu erhalten, gesintertes Calciumoxid. Als einziger Nachteil sind die geringere Intensität und die dadurch verlängerte Belichtungszeit zu nennen, die aber wiederum von der Dicke der durchstrahlten Probe abhängen.

Bei den bisherigen Untersuchungen handelt es sich um feldspathaltige Gesteine. Die ca. 80 μm dicken Dünnschliffe von Feldspäten wurden auf eine Plastikfolie geklebt und — wie aus Abb. 8 ersichtlich — direkt vor den Film (Kodak SA 1) gespannt. Der Abstand vom Brennfleck zur Röntgenstrahlenquelle betrug ca. 22 cm. Die Belichtungszeit schwankte je nach Röntgenstrahlung zwischen 20 und 40 Minuten. Die nach der Entwicklung erhaltenen Negative sind so scharf, daß Details ohne weiteres bei 200facher Vergrößerung im Mikroskop betrachtet werden können. Die Bilder wurden photographisch ca. 10fach vergrößert und sind in den Abb. 9a-d wiedergegeben. Stellen mit starker Schwärzung entsprechen Phasen mit hohen Absorptionskoeffizienten. Im Co-Bild (mit Kobaltstrahlung aufgenommene Abb. 9d) sind 6 Phasen bezeichnet und deren Schwärzungen bei verschiedenen Strahlungen in Tab. 1 gegenübergestellt.

Tabelle 1. *Schwärzung bei Kontaktmikroradiographien*

Phasen	Röntgenstrahlung				
	Si	Ti	Fe	Co	Ni
1	st	st	m	m	s st
2	s st	m	s st	s st	s st
3	m	st	m	m	m
4	s	s	s	s	s
5	s s	s s	s s	s s	(s) s
6	m	s st	m	m	m

s st = sehr stark, st = stark, m = mittel, s = schwach, s s = sehr schwach

Der Absorptionskoeffizient eines Elements nimmt mit steigender Wellenlänge der Röntgenstrahlung stetig zu, um bei einer bestimmten Wellenlänge sprunghaft stark abzunehmen, und bildet dort eine sogenannte Absorptionskante. Von Eisen liegt die K-Absorptionskante zwischen den Wellenlängen der K-Strahlung von Kobalt und Nickel. Für die kürzere Wellenlänge der Nickelstrahlung ist der Absorptionskoeffizient fünfmal so hoch wie der der benachbarten Kobaltstrahlung. Bildteile, die auf dem Nickelbild dunkler sind als auf dem Kobaltbild, entsprechen daher z. B. eisenreichen Phasen. Bei Phase 1 ist das der Fall. Phase 2 besteht hauptsächlich aus Chrom oder Vanadin usw.

Literatur

1. Cosslet, V. E., and W. C. Nixon: X-ray Microscopy, Cambridge: University Press. 1960.
2. Dusolier, G.: Bull. Soc. Franç. Céram. **61**, 29 (1963).
3. Hildenbrand, G.: Grundlagen der Röntgenoptik und Röntgenmikroskopie, Ergebnisse der exakten Naturwissenschaften **30**, 1 (1958).
4. Ivoilov, A. S., und E. B. Seldisheva: Akad. Nauk SSSR **4**, 207 (1964).

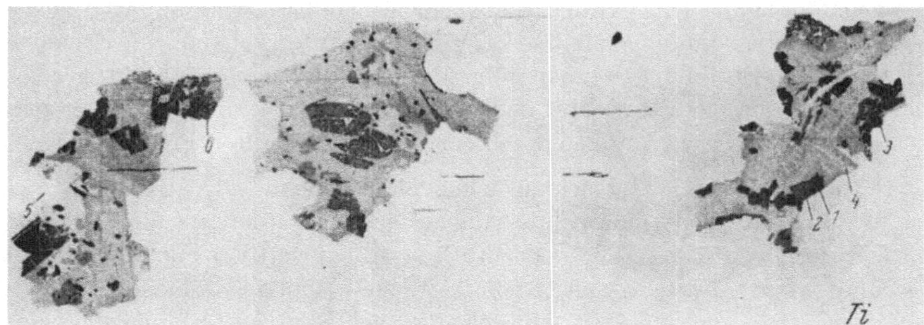

a) mit Ti-Strahlung

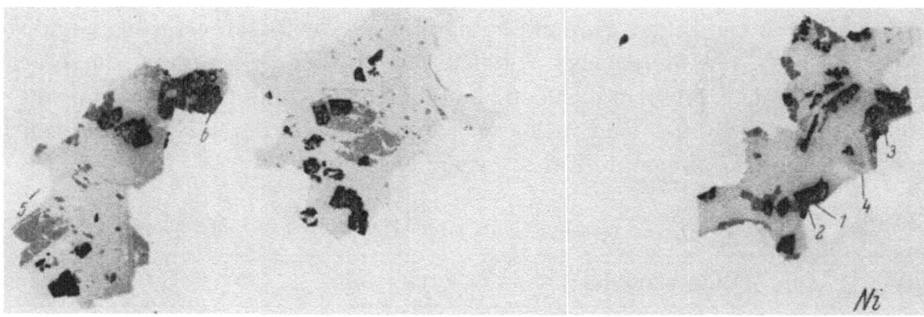

b) mit Ni-Strahlung

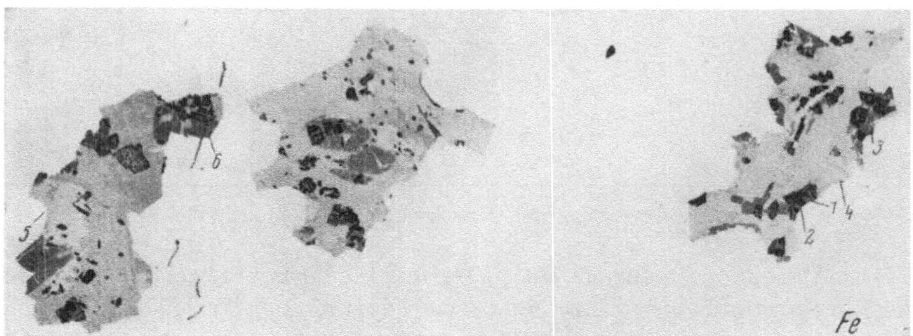

c) mit Fe-Strahlung

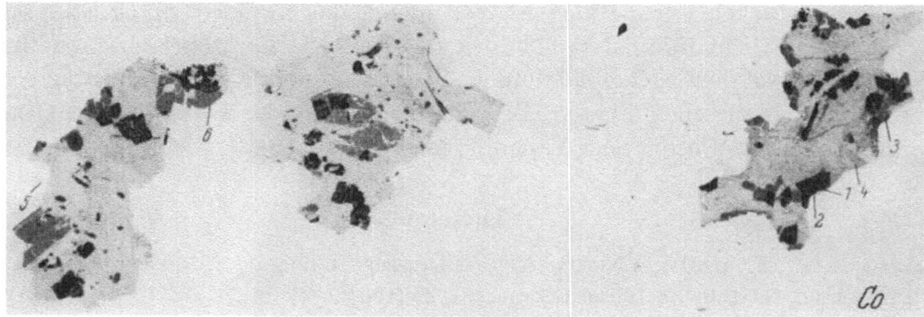

d) mit Co-Strahlung

Abb. 9. Mikroradiographie von 3 Feldspäten (Vergr. ca. 10×)

5. MALISSA, H., und H. HAELBIG: Mikrochim. Acta **1967**, 376.
6. MITSCHE, R., und H. J. DICHTEL: Mikrochim. Acta **1965**, 503.
7. SCHMITT, J.: Verres. Refractories **16**, 168 (1962).
8. TAYLOR, A.: X-ray Metallography. New York: Wiley. 1961.
9. USHAKOVA, A. M.: Mineralog. Sb. L'vovsk Gos. Univ. **18**, 214 (1964).
10. VAINSHENKER, I. A.: Obogasch. Rud. **6**, 28 (1961).

2.6. Kathodenlumineszenz

Werden Minerale dem Elektronenstrahl ausgesetzt, kommt es zu sichtbaren Fluoreszenzerscheinungen, die man als Kathodenlumineszenz bezeichnet [8]. Da diese Erscheinung einerseits auf „Spurenelemente" (sogenannte Aktivatoren), andererseits auf strukturelle Eigenheiten der bestrahlten Stoffe zurückzuführen ist, besteht die Möglichkeit, über Kathodenlumineszenz Zusammensetzung und Veränderungen der Struktur aufzuzeigen. Die Anwendung des Elektronenstrahl-Mikroanalysators auf dem Gebiet der Kathodenlumineszenz geht bereits auf MCMULLAN [9] bzw. MCMULLAN und SMITH [10] zurück, die zunächst ohne spektrale Zerlegung der Lumineszenzstrahlung in Kombination mit einem Rasterelektronenmikroskop ihre Beobachtungen durchführten. Eine Auswahl von Wellenlängen konnte in dem von BERNARD *et al.* [1, 2] entwickelten Gerät getroffen werden. LONG und AGRELL [7] geben in ihren Arbeiten die umfassendste Anwendung der Kathodenlumineszenz zu Analysenzwecken an.

Bei objektiver Beurteilung der Aussagemöglichkeiten der Kathodenlumineszenz als analytischem Hilfsmittel muß beachtet werden, daß verschiedene Aktivatoren keine unterschiedlichen Emissionsspektren liefern müssen; daß ein und der-

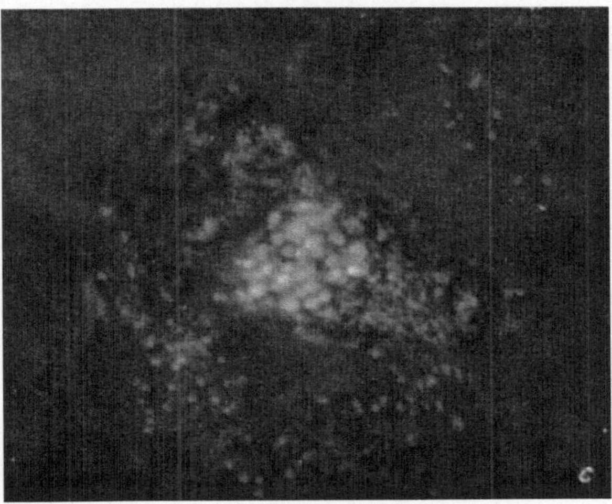

Abb. 10. Kathodenlumineszenz von Kohlenstoff (Diamant)

selbe Aktivator Anlaß geben kann zu ganz verschiedenen Spektren, je nach der Matrix, und daß die Emission durch andere Verunreinigungen und Gitterfehlstellen sehr stark beeinflußbar ist und manchmal sogar unterdrückt werden kann [4, 5]. Einen guten Eindruck dazu vermittelt Abb. 10. Auf Grund dieser

Überlegungen folgt, daß das bei der Kathodenlumineszenz emittierte Licht nur zu qualitativen Informationen herangezogen werden kann. Spezifischer können die Aussagen gehalten werden, wenn das Abklingen der Lumineszenz nach deren Anregung und die Änderung der Lumineszenzspektren mit der Temperatur der Probe beobachtet werden.

Nach Oranovskaya [11] zeigt Cr-haltiges Al_2O_3 rote und blaue Lumineszenzbanden, deren Intensität eine Funktion der Cr-Konzentration ist. Weiter tritt bei eisenhaltigen Magnesium-Aluminium-Spinellen eine grüne und rote Lumineszenzbande auf [6]. Colby [3] versucht, durch Intensitätsmessungen der Lumineszenzbanden Mischungen von erdalkalifluoriden und uranhaltigem Mg Oquantitativ zu bestimmen. Smith [12] kann im Rohdolomit Zonenbildung durch Intensitätsänderung der Lumineszenz nachweisen. Eine Sprenkelung zeigt wahrscheinlich jene Stellen an, wo im Karbonat Eisen und Mangan an die Stelle des Magnesiums im Dolomit treten. Als besonderer Vorteil kann die Möglichkeit betrachtet werden, unter Umständen frühe Stufen von Entmischungen zu erkennen. So gibt sich eine mögliche Ausscheidung des Mikroklins an der Grenze zwischen Orthoklas, Mikroklin und Albit durch das Auftreten einer starken roten und blauen Bänderung zu erkennen, welche von feinen Na- und K-reichen Lamellen gekreuzt wird. Diese Lamellen zeigen unterschiedliche Intensitäten der Lumineszenzstrahlung.

Literatur

1. Bernard, R., F. Davoine, and P. Pinard: C. R. Acad. Sci. **248**, 2564 (1960).
2. Bernard, R., F. Davoine, and P. Pinard: Optik **17**, 129 (1960).
3. Colby, J. V., und W. N. Wise: AEC Accession No 43.379, Repl. No NLCO. 920 Avoil OTS, pp. 4 (1964).
4. Davey, J. P.: X-ray Optics and Microanalysis, IVe congrès inter. sur l'optique des Rayons-X et la Microanalyse, Orsay 1965 S. 566. Paris: Hermann. 1966.
5. Garlick, G. F. J.: Brit. J. Appl. Phys. **13**, 541 (1962).
6. Hummel, F. A., und J. F. Sarver: J. electrochem. Soc. **111**, 252 (1963).
7. Long, J. V. P., und S. O. Agrell: Min. Mag. **34**, 318 (1965).
8. Long, J. V. P.: Proc. 3rd Int. Symp. X-ray Optics and X-ray Microanalysis, Stanford, USA, 1962, S. 288. New York: Acad. Press. 1963.
9. Mullan Mc: Diss. Univ. Cambridge (1952).
10. Mullan Mc, und K. C. A. Smith: Diss. Univ. Cambridge (1956).
11. Oranovskaya, T. V.: Jzv. Akad. SSSR Ser. Fiz. **25**, 327 (1961).
12. Smith, J. V., and R. C. Stenstrom: J. Geol. **73**, 627 (1965).

3. Elektronenstrahl-Mikroanalyse

3.1. Einleitung

Unter „Elektronenstrahl-Mikroanalyse" versteht man die Auswertung der aus den Wechselbeziehungen eines hochenergetischen, gebündelten Elektronenstrahles mit der als Antikathode dienenden Probe resultierenden, analytisch verwertbaren Signale sowohl nach chemischen als auch nach physikalischen Gesichtspunkten sowie die Kunde der unmittelbar dazugehörigen Geräte und Präparationsmethoden [9].

Zur Elektronenstrahl-Mikroanalyse gehört selbstverständlich die bereits seit langer Zeit in Forschung und Technik mit bestem Erfolg eingesetzte Elektronenmikroskopie in allen ihren Ausführungsformen, wird aber hier, da sie sich bereits zu einem selbständigen und abgerundeten, über eigene Fachbücher verfügenden Arbeitsgebiet entwickelt hat, nicht mehr, als dies bereits in dem Kapitel 2.2. geschehen ist, abgehandelt. Es soll aber hervorgehoben werden, daß z. B. sogenannte Sekundärelektronenbilder — wie sie mit Rasterelektronenmikroskopen hergestellt werden — sowohl zur Erklärung von technischen Vorgängen als auch bei der Frage der Standardherstellung (siehe Kapitel 3.8.1.) wertvolle Dienste leisten.

Da im Prinzip die quantitative Elektronenstrahl-Mikroanalyse ein Gebiet darstellt, wo die Arbeitstechnik der Elektronenmikroskopie mit den Gesetzen und grundsätzlichen Arbeitsweisen der Röntgenanalyse mit Hilfe von Elektronenanregung sowie mit dem chemischen und strukturellen Aufbau des zu untersuchenden Materials zusammenfließt, muß hier auch dieses Gebiet behandelt werden. Die Probe (im angelsächsischen Sprachgebrauch oft als „target" bezeichnet) dient hier als Antikathode und wird der Einfachheit wegen als ideal homogener Festkörper betrachtet, obwohl dies nicht der Fall ist.

Wenn ein feingebündelter, durch Hochspannung beschleunigter Elektronenstrahl auf die Oberfläche der Probe auftritt, so treten folgende Wechselbeziehungen ein:

Der größte Teil der Strahlenergie wird in Wärme umgewandelt, die aber wegen der meist günstigen Volumverhältnisse und der guten Wärmeleitfähigkeit metallischer Proben wirkungslos ist. Bei nichtmetallischem, vor allem oxidischem Material kann es aber (wenn die Oberfläche nicht elektrisch leitend ist) zu kräftigen Spannungsrissen kommen, die zu Fehlanalysen Anlaß geben können. Ein weiterer Teil wird als analytisch ausgezeichnet erfaß- und verwertbare Röntgenstrahlung zur Wirkung kommen. Andere Teile geben als analytisch ebenfalls auswertbare Elektronenrückstreuung (backscattering) sowie als Probenstrom (specimen current) wertvolle Informationen. Ein gewisser Energiebetrag kommt noch als kontinuierliche Bremsstrahlung zur Wirkung. Bei hinreichend dünnen Proben tritt überdies auch Durchstrahlung mit allen Folgerungen auf. Weiter kann der Elektronenstrahl mitunter einzelne Komponenten in der Probe zur sichtbaren Fluoreszenz (Kathodenlumineszenz) anregen, die, wie aus Abb. 10 hervorgeht, als charakteristische Farberscheinung morphologisch ausgewertet werden kann.

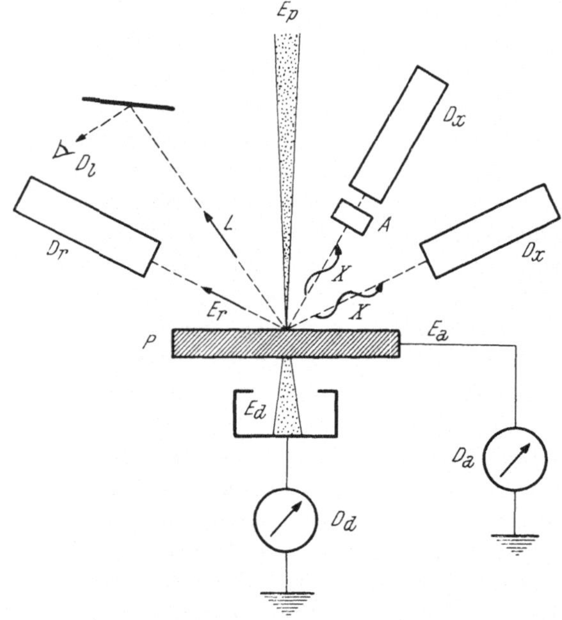

Abb. 11. Informationsmöglichkeiten aus den Wechselwirkungen zwischen Elektronenstrahl und Probe

A	Absorption	P	Probe	E_p	primärer Elektronenstrahl
E_r	rückgestreute Elektronen	E_a	absorbierte Elektronen	E_d	durchgelassene Elektronen
X	Röntgenstrahlung	L	Lichtoptik und Kathodenlumineszenz	D	Detektoren
D_r	Szintillationszähler			D_a	Amperometer
D_d	Amperometer	D_x	Proportionalzähler	D_l	Photonendetektor

Abb. 11 zeigt die verschiedenen analytisch auswertbaren Signale aus den Wechselbeziehungen zwischen Elektronenstrahl und Probe; dazu kann folgende Gliederung gegeben werden:

1. Röntgenemission,
2. Röntgenabsorption mit der Möglichkeit der Absorptionskantenanalyse,
3. Elektronenabsorption,
4. Elektronenrückstrahlung, Sekundärelektronenemission,
5. Elektronendurchstrahlung,
6. Kathodenlumineszenz,
7. Röntgen- und Elektronendiffraktion.

Schon dieses unvollständige Konzept zeigt, daß zur Zeit wohl kein anderes analytisches „Reagens“ dem Elektronenstrahl in bezug auf gewinnbare Analysendaten gleichkommt. Dazu kommen noch die Möglichkeiten der lichtoptischen Beobachtung der Probe während der Analyse sowie die beim „Scanning" (Abtasten, Abrastern) der Probenoberfläche sich bietenden Informationen.

Für die Entstehung von Röntgenstrahlen sind hochionisierte Atome verantwortlich. Im Unterschied zu den lichtoptischen Spektren, deren Ursache in den Quantensprüngen der Elektronen im Bereich der äußeren Elektronenschalen liegt, ist der Ursprung der Röntgenspektren in den Quantensprüngen im Bereich der inneren, kernnahen Elektronenbahnen gegeben.

Wenn also ein kernnahes Elektron durch einen Stoß aus dem Atomverband herausgeschleudert wird, so befindet sich das Atom durch diesen Verlust in einem „angeregten" Zustand. Das Atom kehrt in seinen Ruhezustand zurück, wenn die Lücke in der inneren Schale wieder aufgefüllt ist. Die Energie, die benötigt wird, um ein von einer äußeren Schale gewonnenes Elektron festzuhalten, ist — wie gesagt — geringer als die Energie, die nötig ist, um ein inneres Elektron zu entfernen. Die Energiedifferenz wird also als charakteristische Röntgenstrahlung emittiert. Dieser Vorgang ist in Abb. 12 am Eisenatom schematisch wiedergegeben.

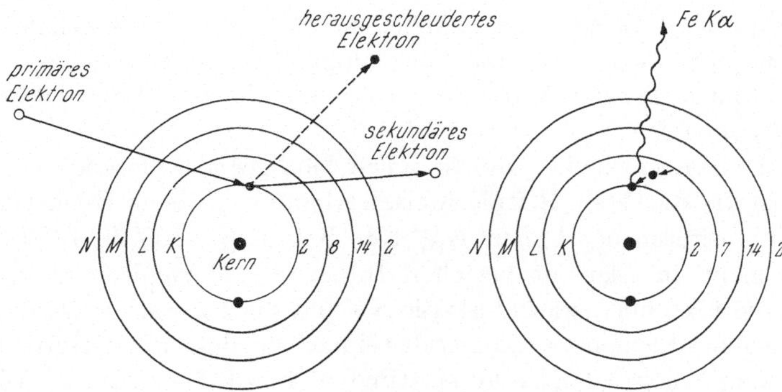

Abb. 12. Erzeugung von Röntgenstrahlung durch Elektronenbeschuß des Eisenatoms

Das primäre Elektron schlägt also aus der K-Schale ein Elektron heraus und versetzt das Atom in den „angeregten" Zustand, der durch Übertritt eines Elektrons aus der M-Schale unter gleichzeitiger Emittierung der Energiedifferenz als Röntgenquant wieder aufgehoben wird.

Welche äußere Elektronenschale ein Elektron nach innen abgibt, hängt auch vom Paulischen Auswahlprinzip ab. Für die Röntgenphysik genügt es nicht mehr, die Atomstruktur durch Kern und einfache Schale zu beschreiben, sondern die aufeinanderfolgenden Schalen müssen in Teilschalen (orbitals), auf denen sich die Elektronen bewegen können, zerlegt werden. Die Teilschalen tragen die bekannte Bezeichnung s, p, d, f (g, h). Der Einfachheit halber gehen wir aber zurück zu den Vorstellungen, daß jeder Atomkern von Elektronenschalen umgeben ist, die von innen nach außen gezählt mit den Buchstaben K, L, M, N, O, P oder durch die Hauptquantenzahlen 1, 2, 3 usw. belegt sind. Eine Röntgenlinie der K-Serie wird also erzeugt, wenn der leere Platz auf der K-Schale von einem Elektron der L-, M- usw. Schale oder Teilschale (orbital) eingenommen wird. Dies macht auch sofort klar, warum es keine Linie der K-Serie beim H und He geben kann. Das Termschema für Eisen zeigt Abb. 13.

In der L-Schale sind 3 Energieniveaus, in der M-Schale 5 und in der N-Schale 1 (in diesem Falle). Auf Grund der Auswahlregel ist ein Elektronenübergang nur möglich, wenn die zweite Quantennummer, s = 1, p = 2 oder d = 3, (zumindest)

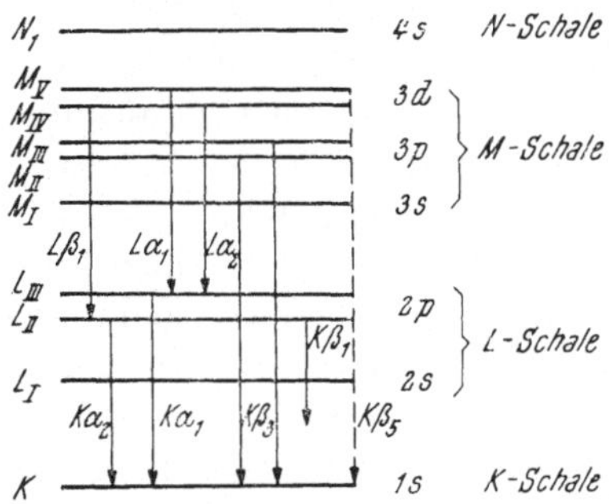

Abb. 13. Termschema des Eisens

um Eins verschieden ist. Das heißt: Übergänge sind erlaubt vom p-Niveau der L- oder M-Schale zum s-Niveau der K-Schale oder vom d-Niveau der M-Schale zum p-Niveau der L-Schale. Wenn daher die Leerstelle der K-Schale durch ein Elektron aus dem Lp-Niveau (L-Schale) aufgefüllt wird, erscheinen die $FeK\alpha_1$- und $FeK\alpha_2$-Linien. Bei der Auffüllung aus dem 3-Niveau (M-Schale) können die $FeK\beta$-Linien entstehen.

Im allgemeinen erscheinen die K-Linien häufiger als alle anderen, und ihre Intensität ist am stärksten. Beispielsweise verhalten sich beim Eisenspektrum die relativen Intensitäten der Linien $K\alpha_1 : K\alpha_2 : K\beta_1 : K\beta_2 = 100 : 50 : 13 : 5$.

Von Element zu Element bestehen Intensitätsunterschiede in den Linien, dabei sind die $K\alpha$-Linien stärker als die $K\beta$ und die $L\alpha$ stärker als die $L\beta$. Das K-Spektrum eines Elements ist immer das einfachste, da ja alle erlaubten Energieübergänge zum einzigen K-Niveau stattfinden. Das L-Spektrum ist schon komplizierter, da 3 L-Niveaus möglich sind, und die M-Elektronenschale zeigt 5 erlaubte Energieniveaus und kann daher ein noch linienreicheres Spektrum hervorrufen. Mit der Zunahme der Linien nimmt aber auch die Möglichkeit der Überlappung zu, und das Spektrum zeigt dann eine gewisse Ähnlichkeit mit den optischen Spektren. Daher wird den K- und gegebenenfalls L-Spektren bei der Analyse der Vorzug gegeben. Bei den Elementen höherer Atomnummer (etwa über 40) verursacht die größere Anzahl der Protonen im Kern eine größere Bindungsenergie, die die K-Elektronen festhält. Man muß zu sehr hohen Anregungsspannungen greifen oder aber — wie dies praktisch der Fall ist — die L-Spektren trotz größerer Linienzahl zur Auswertung heranziehen.

Die Energie (bzw. Wellenlänge) des emittierten Spektrums ist durch den Abstand der (hier innersten) Energieniveaus bestimmt, die für das betreffende Atom charakteristisch sind. Mit steigender Ordnungszahl der Elemente, also mit steigender positiver Kernladung, werden die Energiedifferenzen zwischen den inneren Schalen größer und die emittierten Spektren kurzwelliger. Mosley konnte 1913 zeigen, daß zwischen den Wellenzahlen einer Serie und der Ordnungszahl des betreffenden Atoms ein Zusammenhang besteht, der nach ihm Mosleysches Gesetz genannt wird, die damals im Periodensystem noch bestehenden Lücken erkennen ließ und die Bestimmung damals noch unbekannter Elemente ermöglichte.

Die Wellenlängen der einzelnen Linien sind weitgehend eine reine Atomeigenschaft, unabhängig vom Zustand des Atoms, wie etwa der chemischen Bindung. Genauere Messungen, unter anderen von REGLER [13] und HERGLOTZ [7], zeigten allerdings doch Abhängigkeit der Wellenlängen der emittierten Linien von der chemischen Bindung. Diese bei der üblichen Röntgenfluoreszenzanalyse untergeordnete, bei Geräten mit primärer Anregung und vor allen Dingen bei Verbindungen mit den Elementen der 2. Periode des Periodensystems wichtige Frage spielt aber bei der Untersuchung feuerfesten Materials bereits eine große Rolle.

Da die instrumentellen Schwierigkeiten zur quantitativen Analyse sogenannter leichter Elemente überwunden sind, hat es durchaus Sinn, diese Elemente mitzubestimmen. Allerdings muß man den Einfluß der chemischen Bindung kennen. D. VOLLATH [14] und M. GRASSERBAUER [5] haben diese Frage unter Verwendung eines Primärröntgenanalysators wieder untersucht.

Während beim reinen Bor eine stark asymmetrische Linie zu sehen ist, zeigt sich beim Bornitrid zusätzlich ein starker langwelliger Satellit, und beim B_2O_3

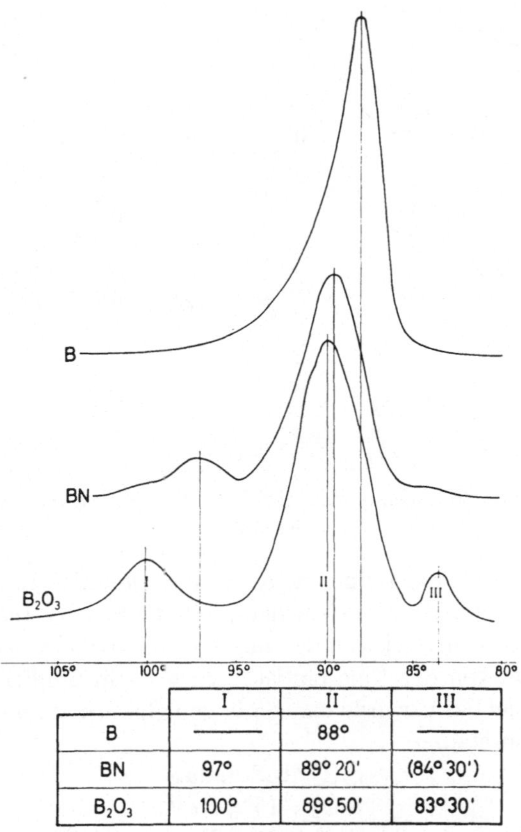

	I	II	III
B	——	88°	——
BN	97°	89° 20'	(84° 30')
B_2O_3	100°	89° 50'	83° 30'

Abb. 14. Verschiebung der Linienmaxima für Bor Kα bei Borverbindungen

sieht man sowohl den starken langwelligen Satelliten als auch einen etwas schwächeren kurzwelligen. Außerdem ist noch eine starke Verschiebung des Hauptmaximums gegen größere Wellenlängen hin zu beobachten. Die Abb. 14 und die dazugehörige Tabelle zeigen, daß die Linienverschiebung vom reinen Bor zum BN 1°20′ und vom B zum B_2O_3 gar 1°50′ beträgt. Auch die Lage der Nebenmaxima ist stark von der Verbindung abhängig.

Sehr ähnlich liegen die Verhältnisse beim Sauerstoff. Dort treten neben der Hauptlinie ein sehr starker kurzwelliger und ein etwas schwächerer langwelliger Satellit auf. Abb. 15 zeigt die O-K-Spektren von SiO_2, Al_2O_3 und MgO. Diese wurden unter Verwendung eines KAP-Kristalls aufgenommen. Wenn auch hier die Verschiebungen mit 7′ bzw. 22′ gegenüber dem SiO_2 nicht so groß sind wie beim

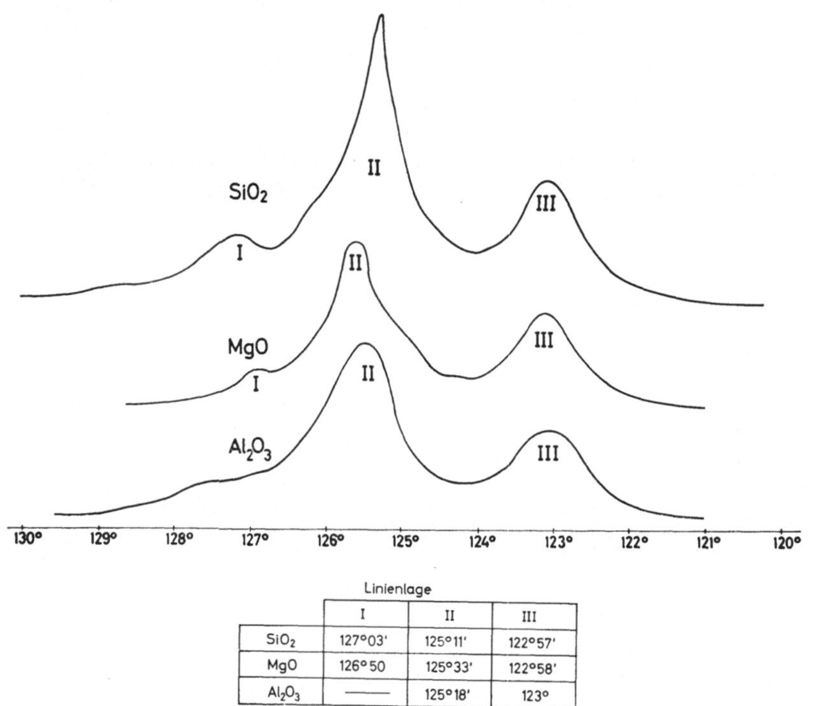

Linienlage

	I	II	III
SiO_2	127°03′	125°11′	122°57′
MgO	126°50	125°33′	122°58′
Al_2O_3	——	125°18′	123°

Abb. 15. Verschiebung der Linienmaxima für Sauerstoff Kα bei feuerfesten Oxiden (KAP-Kristall)

B, so sind sie doch groß genug, um eine Analyse empfindlich zu stören. Betrachtet man die O-K-Spektren näher, so sieht man, daß die relative Intensität der Satelliten, so wie beim B, sehr stark von der Bindung abhängt. Diese starke Abhängigkeit der Linienform von der Bindung ist auch bei sehr ähnlichen Verbindungen gegeben. Als Beispiel dafür wurde eine Serie von Gläsern analysiert. Diese hatten folgende Zusammensetzung:

SiO_2 als Standard
$SiO_2 + 15\%\ Na_2O$
$SiO_2 + 25\%\ Na_2O$
$SiO_2 + 42\%\ Na_2O$

Abb. 16 zeigt die O-K-Spektren dieser Gläser. Beim SiO_2 treten deutlich drei voneinander getrennte Maxima auf. Man beobachtet mit steigendem Na_2O-Zusatz eine Verlagerung der Intensität des Spektrums in die Satelliten. Dabei steigt die

Intensität des kurzwelligen Satelliten stark an. Die Intensität des langwelligen Satelliten wird ebenfalls mit steigendem Na_2O-Zusatz größer, durch die Verbreiterung der Linien wird jedoch die Trennung dieses Satelliten von der Hauptlinie schlechter. Gleichzeitig ist eine sehr schwache Verschiebung der Linien gegen

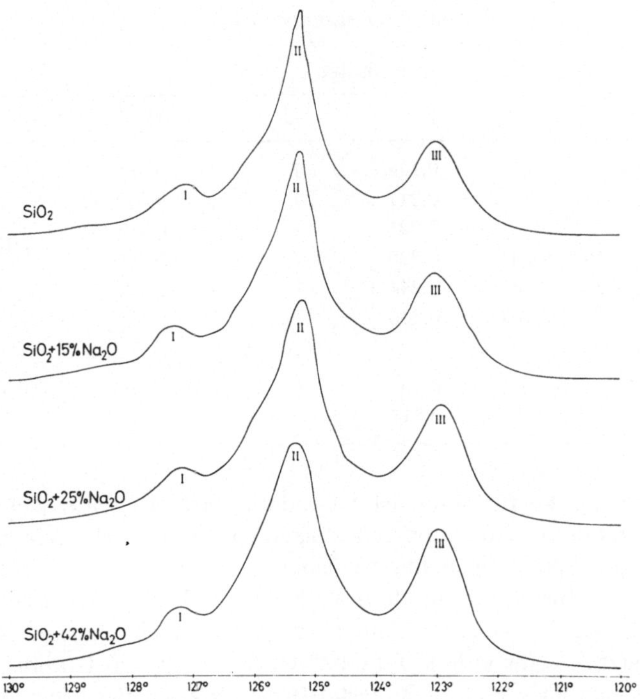

Abb. 16. Veränderungen bei Sauerstoff-K-Spektren von Natriumsilikatgläsern

längere Wellenlängen hin zu beobachten. Obwohl diese Verschiebung sehr gering ist, beeinflußt sie doch die Analyse. Man muß also bei einer quantitativen Analyse für jede Probe das Spektrometer neu einstellen.

In Tab. 2 sind die relativen Intensitäten der Satelliten angegeben und die Intensität der Hauptlinie wurde dabei gleich 1 gesetzt. Beim B sind die Intensitäten der Satelliten relativ gering, aber sehr stark von der Bindung abhängig.

Beim Sauerstoff treten die Satelliten mit wesentlich größeren Intensitäten auf. Hier ist besonders die hohe Intensität des kurzwelligen Satelliten zu beobachten, die bis zu 60% der Intensität der Hauptlinie betragen kann. Daß die Intensitäten der Satelliten bei den Verbindungen MgO, Al_2O_3 und SiO_2 stark variieren, ist nicht weiter überraschend, bemerkenswert ist jedoch die starke Abhängigkeit der Satellitenintensitäten in der Reihe der Gläser mit Na_2O-Zusatz. Hier steigt die Intensität des kurzwelligen Satelliten von 0,421 beim SiO_2 auf 0,606 beim SiO_2 mit 42% Na_2O an. Es ist anzunehmen, daß diese starke Verlagerung der Intensität auf die Satelliten Einfluß auf die quantitative Analyse solcher Proben hat.

Als weiteres entscheidendes Problem tritt bei der Analyse der leichten Elemente die geringe Intensität der angeregten Röntgenstrahlung entgegen. Wie von P. S. Ong [10] gezeigt wurde, gibt es für jede Probe eine Anregungsspannung, bei der die Intensität der Analysenlinie ein Maximum durchläuft. Dieses Maximum ist von der Ordnungszahl des anzuregenden Elements, der mittleren Ordnungszahl der Probe und dem Massenschwächungskoeffizienten der Probe sowie vom Abnahmewinkel des Gerätes für die Analysenlinie abhängig. Der Einfluß des

Tabelle 2. *Intensitätsverschiebungen*

	Intensitäten			
	I	II	III	
Al_2O_3	0,1485	1	0,466	OK
MgO	0,211	1	0,572	
SiO_2	0,225	1	0,421	
$SiO_2 + 15\%$ Na_2O	0,228	1	0,458	
$SiO_2 + 25\%$ Na_2O	0,244	1	0,526	
$SiO_2 + 42\%$ Na_2O	0,255	1	0,606	
B	0	1	0	BK
BN	0,18	1	(0,04)	
B_2O_3	0,217	1	0,17	

Massenschwächungskoeffizienten ist besonders stark. Er wirkt sich so aus, daß sich das Maximum der Anregung mit steigendem Massenschwächungskoeffizienten zu kleineren Spannungen hin verschiebt.

Nicht nur die Intensität, sondern auch das Verhältnis Linie zu Untergrund zeigt in Abhängigkeit von der Anregungsspannung ein deutliches Maximum. Abb. 17 zeigt dies für O in UO_2 und Al_2O_3 sowie für C in Graphit. Hier ist die Abhängigkeit vom Massenschwächungskoeffizienten noch deutlicher ausgeprägt als für die Intensitäten.

Da auch der Untergrund mit steigender Anregungsspannung abnimmt, kann man die leichten Elemente auch noch mit sehr hohen Anregungsspannungen nachweisen. So kann man z. B. mit einer Anregungsspannung von 50 kV noch einwandfrei Sauerstoff in Al_2O_3 bestimmen. Bei einer Analyse auf leichte Elemente sollte man überlegen, ob der Vorteil des Intensitätsgewinns bei kleineren Anregungsspannungen den Nachteil der erhöhten Instabilität des elektronenoptischen Systems aufwiegt.

Auch bei der Mikrosonde sollte man bei der Analyse der leichten Elemente die Anregungsspannung nicht zu klein wählen. Das kann man ohne Bedenken machen, da die Fluoreszenzwahrscheinlichkeit im Bereich der leichten Elemente so klein ist, daß man keine Vergrößerung des analysierten Bereiches befürchten muß.

E. Weinryb [15] gibt zur Analyse leichter Elemente folgende Ausführungen:

1. muß das Zählrohr mit einem äußerst dünnen Fenster versehen sein, und
2. müssen Kristalle mit großem Gitterabstand verwendet werden.

Die Analyse der leichten Elemente mit einer Ordnungszahl unter 11 wird jedoch von einigen Faktoren erschwert, wo neben der Beschleunigungspannung der Elektronen die Kontamination am bedeutungsvollsten ist. Die Kontamination wird nur dann kritisch, wenn die Abtastdauer der Probe verlängert wird; sie kann aber in Geräten mit eingebauter Kühlung vermieden werden. Bei Punktanalysen wird die Kontamination meist nicht stören, wenn die Integrationsdauer kleiner als 50 Sekunden bleibt. Die Beschleunigungsspannung muß aber sehr sorgfältig ausgewählt werden. Einerseits bestimmt sie das analysierte Volumen Materie, d. h. sie beeinflußt die absolute Nachweisgrenze. Andererseits sind beobachtete Inten-

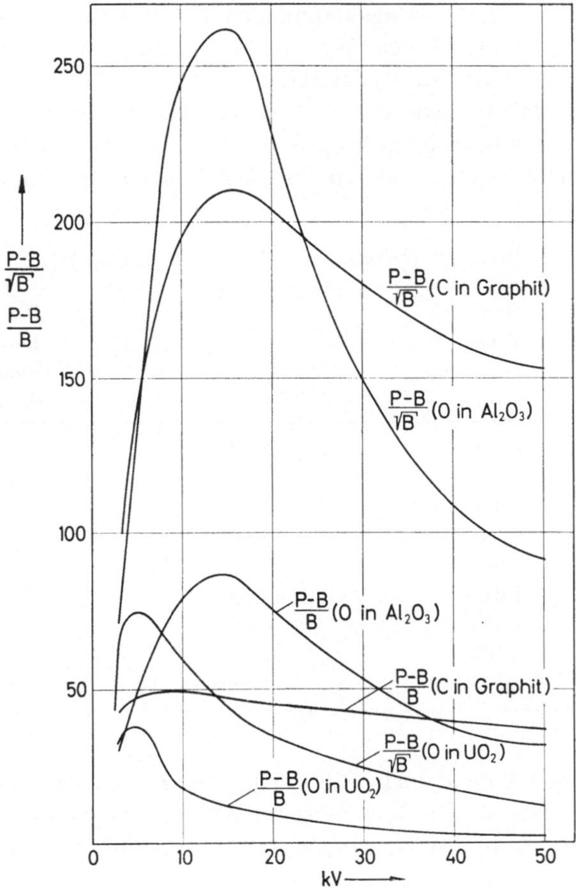

Abb. 17. Verhältnis von Linie zu Untergrund in Abhängigkeit von der Anregungsspannung für K-Spektren in Oxiden und Graphit

sitäten der charakteristischen Röntgenlinien und des Untergrundes direkte Funktionen der Beschleunigungsspannung der Elektronen. Nach der Theorie der Erzeugung charakteristischer Röntgenlinien ist ihre Ausbeute proportional der Differenz zwischen Beschleunigungsspannung und kritischer Anregungsspannung $(E_B - E_K)^{1,6}$; dieselbe Differenz gilt für den Untergrund, aber mit einem Exponenten von nur 1,0. Dies bedeutet: Wenn keine Abschwächung der austretenden Röntgenstrahlen stattfände, wäre die absolute Nachweisgrenze um so besser, je größer die Beschleunigung der Elektronen wird. Ein derartiges Phänomen tritt immer bei Röntgenstrahlen auf, die von einer festen Matrix emittiert werden; der Schwächungskoeffizient wächst mit abnehmender Energie der Röntgenstrahlen und mit zunehmender Atomnummer der Matrix. Im Fall leichter Elemente sind die emittierten Röntgenstrahlen sehr weich (= langwellig), und die Schwächungskoeffizienten sind viel größer, als gewöhnlich in der Literatur angegeben.

Die Zunahme der Schwächung mit zunehmender Beschleunigung der Elektronen bewirkt ein langsames Ansteigen der Röntgenausbeute. Somit ergibt sich, daß für verschiedene Beschleunigungsspannungen die Intensität einer bestimmten Röntgenlinie in einer gegebenen Matrix bis zu einem Maximum wächst, mit steigender Hochspannung aber wieder abfällt.

Dies bedeutet, daß für jede charakteristische Röntgenlinie eine verschiedene Anregungsspannung gilt (siehe Tab. 3), wenn sie in verschiedenen Matrizen angeregt wird. Die Nachweisgrenze ein und desselben Elements ist dann in verschiedenen Matrizen ebenfalls nicht mehr die gleiche. Die Zusammensetzung der Probe wirkt sich somit auch auf die Nachweisgrenze eines Elements durch den Untergrund aus, der um so intensiver wird, je mehr die „mittlere Atomnummer" der Matrix zunimmt.

Tabelle 3. *Optimale Beschleunigungsspannung*

Analysiertes Element	Kritische Beschleunigungsspannung (kV)	Probe	Benutzte Beschleunigungsspannung (kV)
C	0,283	Fe_3C	7,5
C	0,283	Graphit	17,5
N	0,399	BN	10
O	0,531	SiO_2	15
Na	1,08	NaCl	25
Na	1,08	Zahn	15
Cu	8,978	Cu	25
Fe	7,109	Fe	17,5
Fe	7,109	Fe_3O_4	13,8

Die Genauigkeit der Analyse dieser Elemente hängt von verschiedenen Parametern ab; einige davon gehören zur Apparatur, andere sind in der Theorie der Röntgenemission begründet. Zu letzteren gehören der Einfluß der Zusammensetzung auf die Intensitätsverteilung, die ungenaue Kenntnis der Schwächungskoeffizienten und der Atomnummerkorrektur u. a. Einen sehr großen Einfluß hat jedoch die Abhängigkeit der Röntgenlinien vom Auflösungsvermögen der Dispersivkristalle. Im Gebiet der leichten Elemente sind die ausgestrahlten Röntgenstrahlen keine scharfen Linien mehr, sondern Bänder, deren Breite sich bis auf einige Å ausdehnen kann. Dazu kommt noch das geringe Auflösungsvermögen der Kristalle mit großem Gitterabstand (besonders der Kristalle auf Seifenbasis), die kleine Ausbeute der Proportionalzählrohre in diesem langwelligen Bereich sowie die Koinzidenz des Röntgenspektrums mit den L-Linien der schweren

Elemente, die sich in der Probe befinden. Meistens bestehen diese L-Spektren aus einigen intensiven Linien (nicht nur Lα und Lβ, sondern auch noch L_l und Lγ).

Wie vorsichtig man bei der Analyse leichter Elemente sein muß, sei am Beispiel von Titannitridteilchen in einem Stahl angeführt [4]. Das Röntgenspektrum von Stickstoff (Kα) und Titan (L-Spektrum) im Wellenlängenbereich von 30 bis 32 Å zeigt, daß TiL_l eine etwas kleinere Intensität als TiI_α besitzt, die Energie aber genau dieselbe ist wie diejenige der NKα (31,6 Å). Weiter ist bekannt, daß das Intensitätsverhältnis $I_{\mathrm{L}\alpha}/I_{\mathrm{Ll}}$ auch von der vorliegenden Verbindung abhängt.

In diesem Fall ist es unmöglich, ein Element vom anderen zu unterscheiden. Bei der Analyse des Stickstoffs muß die Intensität der Titan-L_l-Linie bei der Berechnung der Zusammensetzung berücksichtigt werden.

Das schlechte Auflösungsvermögen der Kristalle auf Seifenbasis ist leicht aus einer Sauerstoffanalyse in einer Zirkoniummatrix zu ersehen: Sauerstoff Kα kann nicht von der 4. Ordnung der Zirkonium-Lα und -Lβ geometrisch getrennt werden; nur eine elektronische Diskriminierung wird eine dieser verschiedenen Energien unterdrücken. Bei Benutzung eines KAP-Kristalls werden aber die Röntgenlinien schärfer, und das Spektrum zeigt ohne weiteres die drei Linien ZrLα^{IV}, OKα und ZrLβ^{IV}.

3.2. Erzeugung des analytischen Signals

Für die Elektronenstrahl-Mikroanalyse ist die Methode der direkten Anregung mit beschleunigten Elektronen wie auf S. 25 ff. beschrieben die einzig mögliche. Die

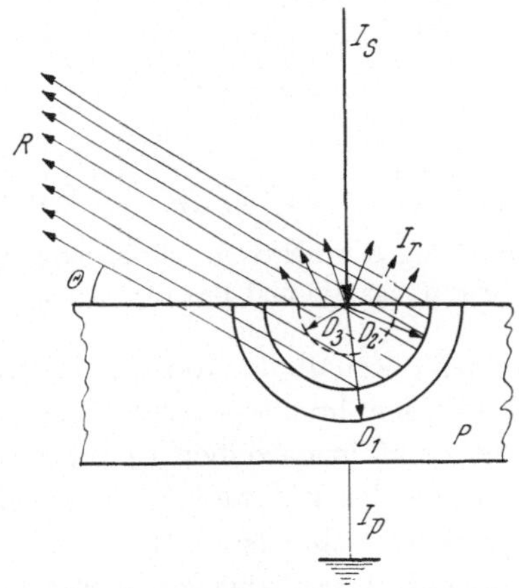

Abb. 18. Wechselwirkung Elektronen–Antikathodenmaterial

D_1	Reichweite	I_r	rückgestreute Elektronen
D_2	kritische Reichweite	P	Probe
D_3	Rückstreubereich	θ	Abnahmewinkel der Röntgenstrahlung R
I_s	Strahlstrom	I_p	Probenstrom

beschleunigten Elektronen dringen in das Antikathodenmaterial ein und treten mit den Atomen, wie Abb. 18 schematisch zeigt, in Wechselwirkung. Das „aktive" Probenvolumen hat, wie Abb. 19 zeigt, bei Elementen von und Verbindungen mit niederen Ordnungszahlen [12] ungefähr „Birnenform" und bei Elementen höherer

Ordnungszahlen „Kugelform", die sich mit der Beschleunigungsspannung der Elektronen, also mit ihrer Eindringtiefe verändert. Das Elektron wird aber bei der Abbremsung nicht in einen stationären Zustand eines Atoms eingefangen, sondern bewegt sich mit verminderter Geschwindigkeit weiter. Diese Übergänge

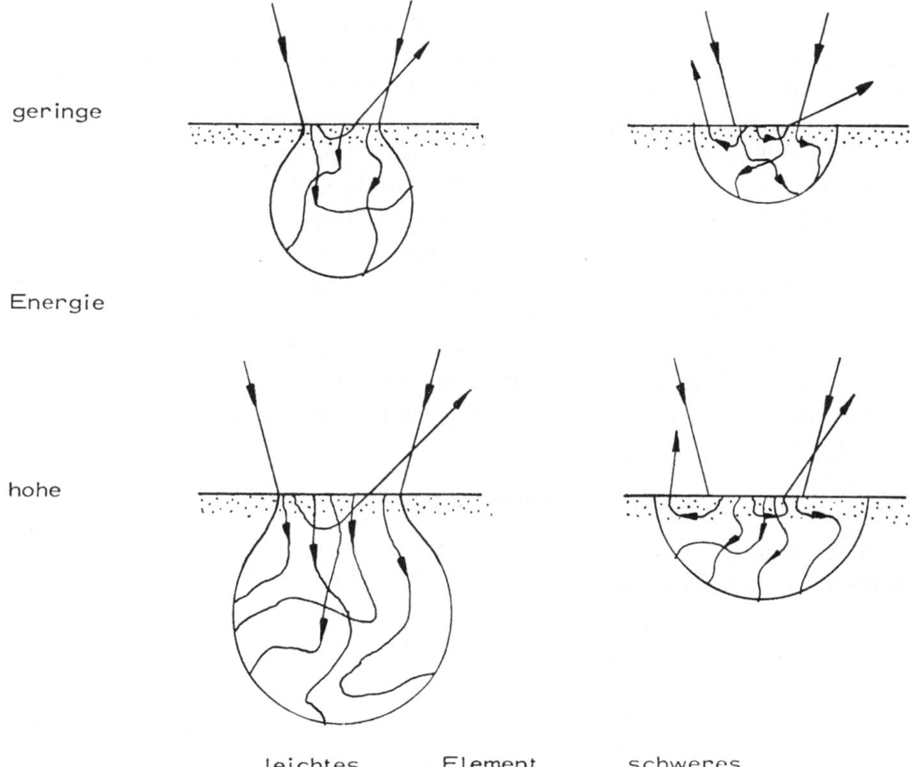

Abb. 19. Schematische Darstellung des „aktiven" Probenvolumens in Abhängigkeit von Ordnungszahl und Beschleunigung

im stationären Energiebereich oberhalb der Ionisierungsgrenze haben unter anderem die Emission des „Elektronenbremsspektrums" zur Folge. Die Abgabe der kinetischen Energie erfolgt nicht in einzelnen Quanten, sondern kontinuierlich. Das Bremsspektrum hat gegen das kurzwellige Gebiet eine scharfe Grenze, die durch die kinetische Energie der schnellsten Elektronen bedingt ist: höchstens diese Maximalenergie kann auf einmal abgegeben werden. Die Wellenlänge der kurzwelligen Grenze ist durch die maximale Beschleunigungsspannung der Elektronen gegeben.

$$E_{\text{kin}} = h \cdot \bar{\nu} \cdot c = \text{eV}$$

Nach Einsetzen der konstanten Werte erhält man daraus

$$\lambda_{\text{Grenze}} = \frac{12{,}4}{U}$$

U = Anregungsspannung in kV
λ = Wellenlänge in Å

Diesem kontinuierlichen Bremsspektrum ist das charakteristische Linienspektrum des Antikathodenmaterials überlagert, das auf Grund der Ionisation der Atome in der Antikathode durch die beschleunigten Elektronen entsteht. So einfach sind allerdings die tatsächlichen Verhältnisse nicht, da z. B. beim Elektronensprung die frei werdende Energie nicht nur zur Emission von Röntgenquanten (Photonen), sondern auch zur Ionisation einer anderen als der K-Schale führen kann, wobei ebenfalls ein Elektron — das sogenannte „Auger-Elektron" — ausgelöst wird. Wichtig ist jedoch die „Fluoreszenzausbeute" aus den einzelnen Schalen, die allerdings von der Ordnungszahl sehr stark abhängt und (für die K-Serie) bei niedrigen Atomnummern sehr klein ist, bei mittleren sehr stark zunimmt, um sich einem Grenzwert bei hohen Ordnungszahlen zu nähern. Für die L-Serie werden die Verhältnisse nur noch komplizierter. PHILIBERT [12] hat sich in einer zusammenfassenden Arbeit neuerdings damit beschäftigt.

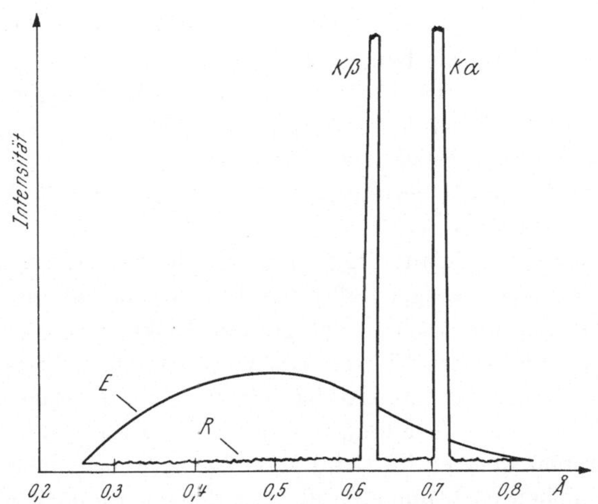

Abb. 20. Molybdänspektrum bei verschiedenen Anregungsarten
E Anregung durch Elektronen
R Anregung durch Röntgenstrahlung

Abb. 20 zeigt den Unterschied bei Anregung des Molybdänspektrums einmal durch Elektronen von 35 kV Energie und das andere Mal durch die Primärstrahlung einer mit 35 kV betriebenen Röntgenröhre. Bei Anregung der Molybdänstrahlung mit primärer Röntgenstrahlung kann natürlich kein kontinuierliches Spektrum angeregt werden, da die anregenden Röntgenquanten ihre Energie nicht kontinuierlich wie die Elektronen, sondern nur in bestimmten Beträgen abgeben können. Der geringe noch vorhandene Hintergrund stammt von der kohärenten und inkohärenten Streuung der primären Röntgenstrahlung durch die Probe. Bei der kohärenten Streuung trifft das Röntgenquant ein Atom und „prallt" von diesem ohne Energieverlust ab. Es entspricht dieser Vorgang dem ideal elastischen Stoß und tritt besonders bei Elementen der Ordnungszahl über 11 auf. Aus diesem Streuvorgang resultiert nun ein kontinuierlicher Hintergrund und eine schwache, gestreute, charakteristische Strahlung des Antikathodenmaterials, die dem charakteristischen Spektrum der Analysenprobe überlagert ist. Bei der inkohärenten oder

„Compton“-Streuung, die besonders bei den leichten Elementen mit Ordnungszahlen unter 11 auftritt, trifft das Röntgenquant auf ein Atom, erleidet einen unelastischen Stoß und verliert dabei einen Teil seiner Energie. Dieser Energieverlust ist abhängig vom Winkel, unter welchem das Röntgenquant gestreut wird. Die Auswirkung dieser Streuung zeigt sich in einer Verbreiterung des Linienmaximums nach längeren Wellenlängen hin bei jeder gestreuten Linie der Primärstrahlung.

Schließlich rührt ein Teil der Hintergrundstrahlung noch von der Streuung der Fluoreszenzstrahlung durch den Analysatorkristall her. Dieser Anteil des Hintergrundes kann jedoch durch Impulshöhendiskriminierung unterdrückt werden.

Wenn nun auch der weitaus größere Hintergrund bei direkter Anregung eines Spektrums mit beschleunigten Elektronen ein Nachteil ist, so steht, bei gleichen Anregungsbedingungen diesem Nachteil doch der Vorteil einer wesentlich höheren Linienintensität (100- bis 1000fach) und der leichten Fokussierbarkeit des Elektronenstrahls mit elektronenoptischen Linsen gegenüber.

Die Erfahrung zeigt, daß bei Elementen mittlerer Ordnungszahl die optimale Anregungsspannung das Zwei- bis Dreifache der Mindestanregungsspannung der betreffenden Linie beträgt. Reicht die Beschleunigungsspannung nicht mehr zur Anregung der kurzwelligen K-Serie aus, so werden die längerwelligen Serien zur Analyse herangezogen (L-, M-Serie).

Je nach Beschleunigungsspannung und Antikathodenmaterial (Probe) dringen die Elektronen mehr oder weniger tief in das Probenmaterial ein. Diese Eindringtiefe ist außer von der kinetischen Energie der Elektronen auch noch von der Ordnungszahl des betreffenden Elements, seinem Atomgewicht und seiner Dichte und der Lage der Absorptionskante abhängig. In leichtere Elemente dringen die Elektronen tiefer ein, ihre Verteilung in der Probe hat ungefähr die Form einer Birne: Die Elektronen weichen im Laufe ihrer Bahn immer mehr von ihrer (siehe Abb. 19) ursprünglichen Richtung ab und durchdringen die Probe schließlich nach allen Richtungen hin. In schweren Elementen hingegen ist die Eindringtiefe natürlich geringer, die Form des getroffenen Gebietes ist ungefähr halbkugelförmig.

Nach der von WITTRY [16] aufgestellten und später von CASTAING [1] modifizierten Formel berechnet man die Eindringtiefe nach:

$$d_E\,[\mu\text{m}] = 0{,}033 \cdot (V^{1,7} - V_K{}^{1,7}) \cdot \frac{A}{\varrho \cdot Z}$$

worin

d_E = Eindringtiefe (μm)	A = Atomgewicht
V = Beschleunigungsspannung in kV	Z = Ordnungszahl
V_K = Lage der Absorptionskante in kV	ϱ = Dichte ($\text{g} \cdot \text{cm}^{-3}$)

Das für die Elektronenstrahl-Mikroanalyse interessante Gebiet liegt nun einerseits in dem Bereich, aus dem die eindringenden Elektronen wieder zurückgestreut werden können, andererseits im Bereich der kritischen Reichweite der Elektronen. Der Anteil der rückgestreuten Elektronen ist ebenfalls von der Ordnungszahl des betreffenden Elements abhängig. Nur ein geringer Teil dieser rückgestreuten

Elektronen verursacht in der Probe Ionisationen; er ist daher für die Erzeugung der charakteristischen Strahlung der Probe nicht von großer Bedeutung. Durch ihre geringe Eindringtiefe erlangen diese Elektronen aber eminente Bedeutung in speziellen Fällen, wo eine hohe Auflösung gefordert wird.

Innerhalb der kritischen Reichweite der Elektronen — wofür es bereits einige Modellvorstellungen gibt, die weit über die in Abb. 19 gezeigten hinausgehen — erfolgt die Ionisation der Atome der Antikathode; es ist dies der Bereich, in dem die Elektronen noch genügend Energie besitzen, um die charakteristische Strahlung des gewünschten Elements anzuregen. Duncumb und Reed [3] haben sich in jüngster Zeit wieder mit diesem Problem befaßt. Die Bedeutung der Monte-Carlo-Rechnung zur Erfassung der räumlichen Verteilung der charakteristischen Röntgenstrahlung wurde von M. Green [6] gezeigt. Es wurde festgestellt, daß diese Rechnungsart, obwohl vom Autor nur ein enger Bereich betrachtet wurde, zur Voraussage der Verteilung der direkten K-Ionisation in einer festen Probe dienen kann. Diese Methode, auf die hier ausdrücklich hingewiesen sei, zeigt jetzt schon, daß die Vorstellung, daß sich Elektronen geradlinig bis zu ihrem Stillstand verteilen, falsch ist. Die Monte-Carlo-Rechnung gibt zumindest für $E_0 = 29$ kV bei Kupfer eine ausgezeichnete Übereinstimmung mit den experimentellen Daten von Castaing [1]. Solange aber nicht wesentlich mehr Daten, die eine gute Übereinstimmung zwischen Theorie und Praxis ergeben, vorhanden sind, wird auch die allgemeine Anwendbarkeit von Korrekturformeln nur bedingt möglich sein, denn die „Ausbeute" an zur Messung zur Verfügung stehenden Impulsen wird nicht von einem Element allein abhängen, sondern auch von den benachbarten Elementen (Probenzusammensetzung) und der Eindringtiefe der Elektronen.

Für Elektronen mit einer Beschleunigungsspannung von 30 kV beträgt der kritische Bereich, in dem sie noch K-Strahlung anregen, für Aluminium ca. 5 μm, für Kupfer ca. 2 μm. Bei dieser Anregungsspannung diffundieren die Elektronen ungefähr 1 μm in jede Richtung normal zur Auftreffrichtung des Strahles, so daß das bestrahlte Gebiet ungefähr 3 μm Durchmesser besitzt.

Nach Castaing [1] ist der Durchmesser d_A des tatsächlich analysierten Bereiches

$$d_A = d_s + d_E$$

d_s = Strahldurchmesser
d_E = Eindringtiefe

Zwischen Durchmesser des Elektronenstrahls, Anregungsspannung und Strahlstrom i besteht wiederum die Beziehung

$$i = k \cdot V \cdot d_s^{\frac{8}{3}}$$

k betrug für das Gerät von Castaing etwa 0,015. Man sieht also, daß die Verringerung des Durchmessers des auftreffenden Strahls von 1 μm auf 0,5 μm keine wesentliche Verbesserung des Auflösungsvermögens mehr bringt. Wird auf erhöhte Auflösung Wert gelegt, so kann bei einer geringeren Anregungsspannung eine geringere Eindringtiefe und damit auch eine geringere seitliche Diffusion der Elektronen erreicht werden, was aber natürlich auf Kosten der nutzbaren Intensität der zu analysierenden Röntgenstrahlung geschieht.

3.3. Prinzipieller Aufbau der Geräte

Der Aufbau eines Elektronenstrahl-Mikroanalysators besteht grundsätzlich aus der Hauptkonsole und den Registriereinheiten und ist in jedem Prospekt beschrieben, daher wird hier auf eine detaillierte Beschreibung verzichtet.

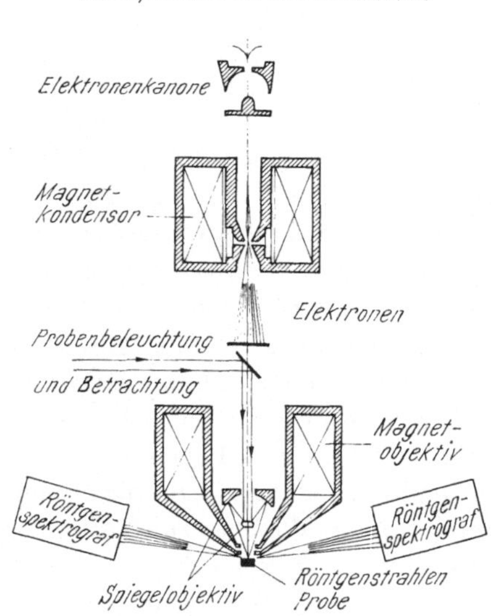

Abb. 21. Bauprinzip des Elektronenstrahlmikroanalysators

In der Hauptkonsole sind, wie Abb. 21 schematisch zeigt, die Säule mit der Elektronenquelle, der Hochspannungsversorgung und den elektronen- und lichtoptischen Vorrichtungen, die Probenkammer, die Spektrometer und das Hochvakuumsystem untergebracht.

Als Elektronenquelle dient üblicherweise eine Haarnadelkathode aus Wolfram, deren Elektronenemission durch Regulieren der angelegten niedrigen Gleichspannung von einigen Volt und des Heizstromes von einigen μA bis mA gesteuert werden kann. Die Hochspannungsversorgung erlaubt bei den neueren Gerätetypen, die Beschleunigungsspannung für die Elektronen im allgemeinen von 0 bis 50 kV kontinuierlich verstellbar zu wählen.

Das elektronenoptische System mit einer oder mit zwei elektromagnetischen Linsen dient zur Bündelung des Elektronenstrahles, welcher je nach Type des Gerätes auf einen Durchmesser von 0,1 bis 2 μm fokussiert werden kann. Ferner sind darin die elektronischen Ablenkeinrichtungen für das Linien- und Flächenscanning und im allgemeinen noch Detektoren für die rückgestreuten und Sekundärelektronen für die entsprechenden Bilddarstellungen enthalten, deren Vergrößerungsbereich bei modernen Geräten bis etwa 10.000fach reicht.

Jedes Gerät enthält in der Säule noch ein Auflichtmikroskop, und manche Fabrikate haben zusätzlich eine Polarisationseinrichtung und die Möglichkeit der Durchlichtmikroskopie.

Zwei bis fünf voneinander unabhängig arbeitende wellenlängendispersiv Spektrometersysteme, voll- oder halbfokussierend, sind entweder in einzelnen Spektrometergehäusen oder in einem gemeinsamen eingebaut. Die Spektrometergehäuse können entweder einzeln oder gemeinsam evakuiert werden.

Energiedispersive Spektrometersysteme, die auf der Basis von Festkörperdetektoren aufgebaut sind, können ebenfalls in die Spektrometergehäuse eingebaut werden. Der Vorteil dieser Systeme liegt darin, daß das gesamte Spektrum auf einmal aufgenommen werden kann. Die Nachteile liegen einerseits in der Beschränkung der analysierbaren Elemente (vom Fluor aufwärts) und in der Tatsache, daß der Festkörperdetektor immer auf niedriger Temperatur (flüssiger Stickstoff) gehalten werden muß (s. Kapitel 2.2.4.1.).

Die Probenkammer ist je nach Gerätetype zur Aufnahme bis zu 100 Standards und einer oder mehreren Proben bis zu Abmessungen von 50 mm × 50 mm × 100 mm geeignet. Neben der Bewegungsmöglichkeit in den 3 Koordinatenrichtungen können durch Zusatzeinrichtungen die Proben gedreht, gekippt und geschwenkt werden.

Die Hochvakuumversorgung erfolgt durch Rotations- und Öldiffusionspumpen, die ein Arbeitsvakuum bei allen Geräten von besser als $5 \cdot 10^{-5}$ Torr zu erzeugen gestatten.

Die Registriereinheiten befinden sich im allgemeinen in gesonderten Schränken neben der Hauptkonsole. Sie enthalten neben den Zählern für die Intensitäten der Röntgenquanten, wobei jedem Spektrometer ein Zähler zugeordnet ist, auch einen Mehrkanalschreiber für die Aufnahme von Spektren oder Konzentrationsverläufen und eine oder mehrere Bilddarstellungseinheiten. Diese bestehen im einfachsten Fall aus einem Oszilloskop, wo nacheinander die von den Spektrometern erhaltenen Röntgenbilder und die Absorptions-, Reflexions- und Sekundärelektronenbilder dargestellt werden können. Es kann aber auch für jedes Spektrometer und für jede Bildart ein eigener Oszillograph und zusätzlich ein nicht nachleuchtendes Oszilloskop für das Photographieren und ein Speicheroszillograph für das Speichern von Bildern angebracht werden.

3.4. Spezielle Einrichtung für leichte Elemente

Die Analyse sogenannter leichter Elemente, worunter solche mit der Ordnungszahl unter 12 zu verstehen sind, muß wegen der geringen Energie ihrer charakteristischen Strahlung immer im besten Vakuum durchgeführt werden. Außerdem dürfen sich, um Verluste so gering wie möglich zu halten, im Strahlengang zwischen Probe und Detektor keine absorbierenden Medien befinden. Dies erreicht man durch Öffnen des Durchtrittsfensters zwischen Säule und Spektrometertank und durch Kollodium-Zählrohrfenster mit einer Dicke von 0,2 bis 0,3 μm. Neuerdings verwendet man auch dünne Berylliumfenster < 20 μm Dicke, die bei der Analyse von Beryllium gegen Kollodiumfenster ausgetauscht werden müssen oder verzichtet überhaupt darauf.

Eine Verbesserung der Impulsausbeute ist erreichbar, wenn statt des normalen Zählrohrgases Argon-Methan 90/10 reines Methan verwendet wird. Für die Analyse leichter Elemente sind Kristalle mit extrem großem Gitterabstand (bis zu 150 Å) notwendig. Solche sind in der letzten Zeit künstlich hergestellt und verbessert worden und in der folgenden Tab. 4 [8] zusammengestellt.

Tabelle 4. *Zusammenstellung der Kristalle und der Wellenlängenbereiche für leichte Elemente*

Kristall	„Bruttoformel"	Gitter-abstand (2 d, Å)	Wellenlängen-bereich (Å)	Bereich der Elemente K	L	M
KAP	$C_8H_5O_4K$	26,6	5,7 – 24	O – P	Cr – Nb	
Myristat	$Me(C_{14}H_{27}O_2)_2$ [a]	80 [b]	17 – 73	B – F	Cl – Mn	
Stearat	$Me(C_{18}H_{35}O_2)_2$	100	22 – 91	B – O	S – V	
Lignocerat	$Me(C_{24}H_{47}O_2)_2$	130	28 – 117	Be – N	Si – Sc	
Cerotat	$Me(C_{26}H_{51}O_2)_2$	140	31 – 126	Be – N	Si – Ca	
Melissat	$Me(C_{30}H_{59}O_2)_2$	160	35 – 144	Be – C	Si – K	

[a] Me entspricht einem zweiwertigen Kation, wie Ba, Pb usw.

[b] Die bei dieser Reihe gemessenen genauen Gitterabstände sind 79, 98, 125, 137 und 156 Å für die entsprechenden Kristalle.

3.5. Zusatzeinrichtungen

Beim Bearbeiten von unbekannten Proben bietet der Telescan-Zusatz, eine Einrichtung, die mit Hilfe einer Bildröhre ein stehendes Bild von der Probe liefert, eine große Erleichterung. Damit entfällt die störende, über die Bildfläche gleitende Scanninglinie und gestattet daher besseres Orientieren auf der Probe.

Für Routinearbeiten und Meßpunktreihen besonders geeignet ist der Anschluß einer Schreibmaschine, welche automatisch nach jedem Meßpunkt die Impulsraten der Spektrometer und zur Stabilitätskontrolle der Mikrosonde den Probenstrom registriert.

Für die Ermittlung der Verteilung von Einschlüssen und/oder Phasen oder Korngrößen und für die stereometrische Analyse dient der Phasenintegrator [2]. Sein Prinzip beruht darauf, die von den Spektrometern gelieferten Signale elektronisch nach einer oberen und unteren Grenze zu diskriminieren, wodurch beim Scanning nur die gewünschte Phase registriert wird.

Alle modernen Geräte erlauben mittels eines „Interface" (Zwischenglied) im „on-line-Betrieb" den Anschluß eines Computers. Die von den Spektrometern gelieferten Signale werden unter Einbeziehung der Korrekturformeln ausgewertet, so daß als Ergebnis sofort die gesuchten Konzentrationen ausgedruckt werden. Neben dem Auswerten der Signale im Direktanschluß des Computers können diese aber auch auf Lochstreifen oder Magnetband gespeichert und in einem eigenen Rechenzentrum ausgewertet werden.

Literatur

1. Castaing, R.: Advances Electronics, Electron Physics **13**, 353 (1960).
2. Dörfler, G., und E. Plöckinger: Archiv Eisenhüttenwes. **36**, 649 (1965).
3. Duncumb, P., and S. J. B. Reed: Quantitative Electron Probe Microanalysis, National Bureau of Standards, Special Publication **298**, 133 (1968).

4. Duncumb, P., et D. A. Melford: Optique des Rayons X et Microanalyse. 4e congrès international sur l'optique des Rayons et la Microanalyse, Orsay, septembre 1965, S. 240. Paris: Hermann. 1966.
5. Grasserbauer, M.: Dissertation. T. H. Wien 1971.
6. Green, M.: Proc. Phys. soc. **82**, 204 (1963).
7. Herglotz, H.: Mikrochim. Acta 1955, 692.
8. Kimoto, S., H. Hashimoto und H. Uchiyama: V. Internationaler Kongreß für Röntgenoptik und Mikroanalyse, Tübingen 1968, S. 369. Berlin-Heidelberg-New York: Springer-Verlag. 1969.
9. Malissa, H.: Elektronenstrahl-Mikroanalyse. Wien-New York: Springer-Verlag. 1966.
10. Ong, P. S.: The Electron Microprobe. S. 43. New York: Wiley. 1966.
11. Philibert, J.: Métaux Nr. 465, 157 (1964); Nr. 466, 216 (1964); Nr. 469, 325 (1964).
12. Philibert, J.: Vth International Congress on X-Ray Optics and Microanalysis, Tübingen 1968, S. 114. Berlin-Heidelberg-New York: Springer-Verlag. 1969.
13. Regler, F.: Grundlagen der Röntgenphysik. Berlin: Urban und Schwarzenberg. 1937.
14. Vollath, D.: Mikrochim. Acta (Wien) Suppl. III, **1968**, 1.
15. Weinryb, E.: Mikrochim. Acta (Wien) Suppl. II, **1967**, 174.
16. Wittry, D. B.: J. Appl. Physics **29**, 420 (1959).

3.6. Die Probe

3.6.1. Präparation

Die Untersuchungen von mineralogischen Proben mit dem Elektronenstrahl-Mikroanalysator verlangen zumindest eine Probenvorbereitung, wie sie in der Metallographie üblich ist. Die Arbeitsgänge Einbetten, Schleifen und Polieren der Probe müssen unter Berücksichtigung der Wesenszüge der Elektronenstrahl-Mikroanalyse durchgeführt werden.

Um Aufladungserscheinungen in Hohlstellen des Probenkörpers auszuschalten, ist es von großem Vorteil, die Einbettung im Vakuum vorzunehmen und solche Kunststoffmassen zu verwenden, die bei der Arbeitstemperatur sehr dünnflüssig sind, um alle Poren auszufüllen.

Welche Präparationstechniken verwendet werden können, soll am Beispiel eines Eisenoxidapatits dokumentiert werden [11].

Zur Präparation des Apatitkristallsaumes und der inmitten der Schmelze primär erstarrten Apatitkristalle wurde der die erstarrte Schmelze enthaltende Tricalciumphosphattiegel in Richtung der Tiegelachse halbiert; die eine Tiegelhälfte in etwa halber Höhe des Tiegels senkrecht zur Tiegelachse angeschnitten und parallel zu dieser Schnittfläche bis auf eine Dicke von etwa 100 μm abgeschliffen und mit Diamantpaste poliert. Dieser eine Teil der erstarrten Schmelze und der die Tiegelwand erfassende Schliff eignet sich sowohl für auflichtmikroskopische wie für durchlichtmikroskopische Untersuchungen der einzelnen Schlackenphasen. Bei elektronenstrahlmikroanalytischen Untersuchungen treten meßwertverfälschende Durchstrahlungseffekte stets dann auf, wenn etwa bei der Messung eines Eisenkonzentrationsprofils durch eine Apatitphase infolge der endlichen Eindringtiefe des Elektronenstrahls auch nichtapatitartige eisenreichere Schlackenphasen unterhalb der im Auflichtmikroskop an der Probenoberfläche sichtbaren Apatitphase zur Emission charakteristischer Eisenröntgenstrahlung angeregt werden, wodurch in der Apatitphase eine im Vergleich zur wahren Eisenkonzentration zu hohe Konzentration vorgetäuscht wird. Die Durchlichtmikroskopie des Schliffs erlaubt infolge der unterschiedlichen Färbung und Transparenz der die Schlacke aufbauenden Phasen (im Durchlicht erscheint der Eisenoxidapatit glasklar mit einer schwach gelben bis grünen Tönung, der Kalkferrit hellbraun, der Kalkwüstit dunkelbraun und das metallische Eisen schwarz), vor dem Meßvorgang bereits jene Bereiche der Apatitphasenoberfläche von der Messung auszuschließen, bei denen die Gefahr einer Durchstrahlung gegeben erscheint.

Zur Präparation der in Lunkerräumen der erstarrenden Schmelze einseitig frei gewachsenen Kristallnadeln wurden diese vorerst mechanisch aus dem Lunkerraum entfernt und unter dem Mikroskop ausgelesen. Als wirkungsvolle Methode

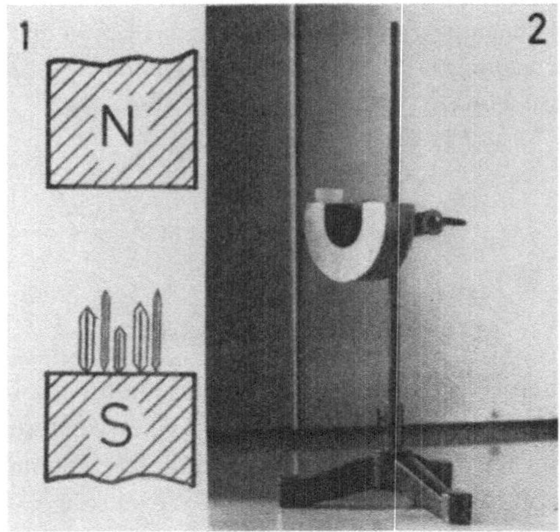

Abb. 22. Schematische Skizze der Anordnung zur Einbettung im Magnetfeld

1 das Verhalten von Eisenoxidapatitkristallen mit einer metallisches Eisen enthaltenden „Seele" im Magnetfeld

2 einfache Anordnung zur Einbettung im Magnetfeld

erwies sich eine Einbettung unter Einwirkung eines Magnetfeldes. Fast alle Eisenoxidapatitkristalle weisen nämlich eine „Seele" auf, d. h. einen in ihrem Innern in Richtung der kristallographischen c-Achse verlaufenden nichtapatitartigen Bereich, der aus den Schlackenphasen Kalkferrit, Kalkwüstit und aus metallischem Eisen besteht. Im Felde eines Permanentmagneten nehmen diese eine „Seele" enthaltenden Apatitkristalle eine definierte Lage derart ein, daß sich die Kristallängsachse in Richtung der Feldlinien des Feldes einstellt. In Abb. 22 ist neben der schematischen Skizze eine Anordnung zur Einbettung im Magnetfeld dargestellt.

An einer der beiden Polflächen des Magneten befindet sich ein dünnwandiges Kunststoffgefäß. In dieses werden die Eisenoxidapatitkristalle eingestreut und richten sich auf. Sodann wird das als Einbettungsmasse dienende Kunstharz eingegossen und erstarren gelassen. Durch entsprechende Dosierung von Härter und Beschleuniger muß die Erstarrungsgeschwindigkeit des Harzes so verlangsamt werden, daß die durch das Eingießen gestörte Kristallorientierung sich im Magnetfeld wieder stabilisieren kann, ehe die Viskosität des erstarrenden Harzes zu sehr zugenommen hat. Nach dem Aushärten wird der Kunstharzkörper angeschliffen.

Der Schleifvorgang muß der Beschaffenheit des zu untersuchenden Materials angepaßt werden. Art und Menge der beim Schleifen verwendeten Flüssigkeit und die Körnung des Schleifpapiers haben großen Einfluß auf die Qualität des Schliffes. Sind die Proben empfindlich gegen Wasser, darf nur in wasserfreien Mitteln, wie z. B. mit Öl, Petroläther, absolutem Alkohol u. ä., gearbeitet werden. Die verwendeten Schleif- und Poliermittel, die bei der Schliffherstellung in die Oberfläche eingepreßt werden, können unter Umständen bei der Messung Einschlüsse vortäuschen. Man wählt daher solche Stoffe, die im Untersuchungsmaterial nicht vorkommen. Siliciumkarbid-Schleifpapiere können in siliciumhaltigen Proben „Siliciumanreicherungen" verursachen. In diesem Fall ist es besser, Borkarbid zu verwenden, denn Bor und Kohlenstoff werden in solchen Proben meist nicht erwartet.

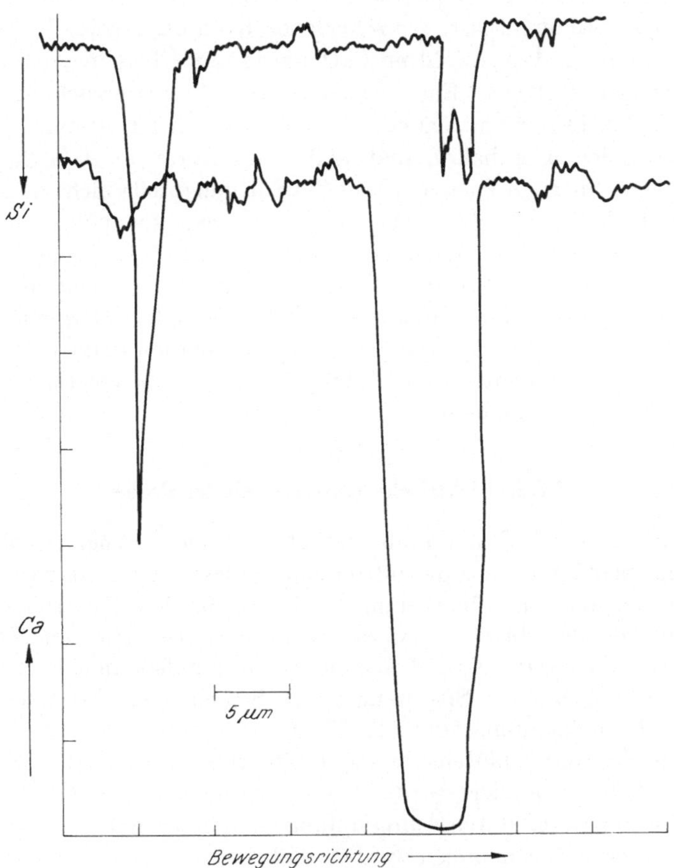

Abb. 23. Nachweis von Si aus Schleifmittel an den Korngrenzen durch mechanisches Linienscanning

Vor dem Si in Poliermitteln sei bei der Untersuchung Si-haltiger oxidischer Systeme an dieser Stelle gewarnt. Es kann vorkommen, daß in Diamantpasten der einen oder anderen Körnung SiC-Anteile vorliegen, die sich, wenn einmal in der Schliffoberfläche festgesetzt, praktisch nicht mehr entfernen lassen. Diese Beobachtung wurde bei einem „synthetischen Sinterdolomit" gemacht: $MgCO_3$ und $CaCO_3$ p.a. sind im Verhältnis des Dolomits gemischt und gesintert worden. Das Produkt — auf Grund der Herstellung frei von Fremdoxiden wie Fe_2O_3, Al_2O_3 und SiO_2 — wurde geschliffen, poliert und in der Sonde untersucht. An den Übergängen MgO zu CaO lagen Si-Anreicherungen vor. Um nun die Möglichkeit der Si-Ablagerungen vom Schleifpapier auszuschalten, wurde eine neue Probe präpariert, indem nur Diamantpaste verschiedener Körnung verwendet wurde. Aus Abb. 23 ersieht man, daß sowohl im CaO wie in den Übergängen Kalk/Periklas Si-Anreicherungen vorliegen. Eine spektralanalytische Untersuchung der Poliermittel ergab, daß in der verwendeten Diamantpaste der Körnung 7 μm beachtliche Mengen Silicium enthalten sind. Selbst das Abtragen einer 20 μm dicken Schicht mit einer Si-freien Paste entfernt die Siliciumanteile nicht mehr [8].

In vielen Fällen der Probenvorbereitung wird eine Feinpolitur mit Tonerde durchgeführt. Es gelingt zwar, eine einwandfreie Schliffoberfläche herzustellen, aber die Verteilung von Al in der Probe zu ermitteln, ist nicht mehr möglich. Kleine Poren und die unvermeidbare Reliefbildung sind die Ursache dafür, daß die letzten Reste der Tonerde nicht mehr entfernt werden können.

Diese Verunreinigungseffekte durch SiC und Al_2O_3 lassen sich mitunter durch Ultraschallreinigung eliminieren.

3.6.2. Elektrische Leitfähigkeit der Probe

Die zu untersuchende Probe muß zumindest als elektrischer Halbleiter anzusprechen sein; es müßten sonst die auftreffenden Elektronen zu nahe der Aufprallstelle verbleiben und eine Überladung bewirken, die den Elektronenstrahl von seiner echten Position ablenken und zu einem unruhigen Hin- und Herspringen führen würde. Ein zweiter Grund liegt in der durch Isolation hervorgerufenen schlechten Erdung, und da Spannung gleich Stromstärke mal Widerstand ist, führt dies zu einem Spannungsabfall des Elektronenstrahls und somit auch zu einer Verminderung der Röntgenintensität, da die effektive Spannung des eindringenden Strahles ebenfalls vermindert wird. Daher wird über ein nicht oder schlecht leitendes Probenmaterial durch Aufdampfung ein dünner Metallfilm gelegt. Dabei muß darauf Rücksicht genommen werden, daß

1. das aufgedampfte Material nicht in der Probe enthalten ist und
2. die Schicht nicht zu dick wird (meist nur etwa 100 Å).

Von der Aufdampfschicht wird eine möglichst geringe Dicke — um die Einzelheiten des Schliffes noch erkennen zu können — und Gleichmäßigkeit verlangt, um die von der Probe austretende Röntgenstrahlung überall in gleicher Weise zu beeinflussen. Schließlich sollte die Bedampfung nur einen geringen Intensitätsverlust der aus der Probe austretenden Strahlung verursachen. Die zur Bedampfung am meisten verwendeten Elemente sind Be, C, Al, Ag und Au. Welche Elemente im speziellen Anwendung finden können, bestimmen das Meßproblem und das Gerät. Die Absorption der Röntgenstrahlung der Elemente mit Ordnungszahlen zwischen 11 und 16, z. B. in Al, Ag und Au, ist ziemlich groß, wodurch unter Umständen die

Impulsausbeuten der betrachteten Elemente so weit absinken, daß die Nachweisgrenzen sehr nachteilig beeinflußt werden. Wenn bei an und für sich gut leitenden Materialien (Metall) nichtleitende Einschlüsse bis zu einer Größe von etwa 10 μm auftreten, so führt dies in der Praxis mitunter auch ohne Bedampfung, meist aber mit Bedampfung zu guten Analysenwerten. Werden Standard und Probe immer gleichzeitig bedampft, erübrigt sich die Bestimmung der Schichtdicke.

Da die erforderliche Kohleschicht die kleinsten Details der Probenoberfläche verdeckt, erleichtert man sich das Arbeiten sehr, wenn man unter dem Metallmikroskop die interessanten Stellen ausfindig macht und mittels Markiergerätes anzeichnet.

3.6.3. Größe der Ausscheidungen und Strahldurchmesser

Die Probleme der Untersuchung feuerfester Stoffe sind die Ermittlung der chemischen Zusammensetzung der einzelnen Phasen, die Frage nach der Verteilung gewisser Elemente in den verschiedenen Phasen und die Feststellung eventueller Konzentrationsänderungen, bedingt durch Diffusionsvorgänge. Alle diese Fragen werden schließlich mit Hilfe von quantitativen Punktmessungen beantwortet. Mit welcher Sicherheit und Genauigkeit diese Messungen durchgeführt werden können, hängt von dem Gerät und den Standardproben, in erhöhtem Maß aber von der zu untersuchenden Probe ab. Das Auflösungsvermögen des Elektronenstrahl-Mikroanalysators wird viel mehr von der Beschaffenheit des Probenmaterials als vom Strahldurchmesser beeinflußt.

Jene kleinsten Volumina, die noch mit Sicherheit getrennt voneinander analysiert werden können, ohne daß sich die Wechselwirkungserscheinungen Materie-Elektronenstrahl in den einzelnen Gebieten gegenseitig beeinflussen, bestimmen die Größe der Phasen, in denen exakte Messungen durchführbar sind.

Eine Formel nach D. B. WITTRY [15] besagt, daß die Elektronen um so tiefer in die Probe eindringen, je größer die Überspannung und das Atomgewicht sind. Mit zunehmender Ordnungszahl und Dichte nimmt die Eindringtiefe wieder ab. Die Wahl der Beschleunigungsspannung hängt in erster Linie von den zu untersuchenden Elementen ab. Da die Beschleunigungsspannung in engem Zusammenhang mit der Impulsausbeute steht, ist man gezwungen, im Hinblick auf eine günstige Nachweisgrenze einen Kompromiß zwischen Impulsausbeute und Eindringtiefe zu schließen.

In der Tab. 5 sind die Eindringtiefen bei einer Beschleunigungsspannung von 20 kV in verschiedenen Phasen zusammengestellt, die bei Sintermagnesiten und Sinterdolomiten auftreten können. Diese für die Mikrosondenuntersuchungen wichtige Größe schwankt zwischen 2,6 und 6,5 μm. Daraus sieht man eindeutig, daß der Einfluß des Strahldurchmessers auf die Abmessungen des Arbeitsgebietes im ungünstigsten Fall 20% ausmacht. Der Strahldurchmesser kann ohne besonderen Aufwand leicht zwischen 1 und 1,5 μm gehalten werden. Die Verkleinerung des Strahldurchmessers auf z. B. 0,5 μm bewirkt im allgemeinen bei oxidischen Materialien der Dichte 3 bis 4 mit einer mittleren Ordnungszahl von 14 eine Verminderung des Durchmessers des analysierten Gebietes um ca. 5%. War der Arbeitsbereich zuerst 21 μm, ist er nach der Reduktion des Durchmessers 20 μm. Dieser praktisch unbedeutenden Verbesserung des Auflösungsvermögens steht der starke Abfall der Impulsausbeuten gegenüber. Der Strahlstrom ist ungefähr der dritten Potenz des

Strahldurchmessers proportional und steht in linearer Beziehung mit der Impulsausbeute. Die Halbierung des Durchmessers läßt die Impulsraten auf ungefähr $^1/_{10}$ ihres ursprünglichen Wertes absinken [2]. Um daher Phasen eindeutig identifizieren zu können, müssen sie eine Mindestabmessung besitzen, die drei- bis fünfmal größer ist als die des zur Röntgenstrahlung angeregten Bereiches. Für die Bestimmung von Konzentrationsprofilen sind wesentlich größere Zonen erforderlich.

Tabelle 5. *Eindringtiefen bei 20 kV Beschleunigungsspannung*

Verbindung	Mol-gewicht	Mittlere Atom-nummer Z	Mittleres Atom-gewicht A	Dichte S	Maximale Eindring-tiefe d_E (μm)
Mg	24,3	12	24,3	1,74	6,3
Ca	40,1	20	40,1	1,55	6,5
CaO	56,1	14	28,1	3,4	3,2
MgO	40,3	10	20,2	3,6	3,0
2 MgO · SiO_2	140,7	10	20,1	3,2	3,4
MgO · Fe_2O_3	200,1	13,7	28,6	4,5	2,6
2 CaO · SiO_2	172,3	12,3	24,6	3,3	3,3
2 CaO · Fe_2O_3	271,9	14,7	38,8	4,5	3,2
CaO · MgO · SiO_2	156,5	11,1	22,4	3,2	3,4
MgO · Al_2O_3	142,3	10	20,3	3,6	3,1
SiO_2	60,1	10	20	2,3	4,7
Al_2O_3	101,9	10	20,4	3,7	3,0

3.7. Meßtechnik

Bei der Untersuchung feuerfester Materialien kommt neben der quantitativen Analyse der qualitativen Bestimmung von Elementverteilungen große Bedeutung zu. Es finden daher auch alle Möglichkeiten der qualitativen Untersuchungsmethoden Anwendung.

3.7.1. Flächenanalyse

Unter Flächenanalyse wollen wir die Bestimmung der Elementverteilung in einer Fläche mit bestimmter und variabler Größe verstehen. Die Scanningeinheit liefert gemeinsam mit dem Spektrometersystem die Grundlagen für diese Flächenanalyse. Da die Scanningeinheit es gestattet, Bilder von Oberflächen zu erzeugen, deren Schwarzweiß-Effekte einerseits von der Röntgenstrahlung, andererseits vom Elektronenabsorptions- wie Elektronenrückstreuvermögen in der Probe enthaltener Elemente bedingt sind. Auf diese Weise kann durch das Abtasten einer Fläche mittels Elektronenstrahls die Elementverteilung sichtbar gemacht werden.

Über die allgemeinen Bedingungen zur Flächenanalyse, insbesondere der verschiedenen Durchführungsarten, siehe H. Malissa [10] S. 96 bis 102.

Vielfache Anstrengungen wurden unternommen, diese qualitativen Aussagen attraktiver zu gestalten. So haben z. B. Heinrich [7], Lennartz und de Laffolie [9], Malissa und Jütte [11] die elementspezifischen Scanningbilder mittels Farbphotographie ausgewertet, wobei Farbbilder erhalten werden, die jedes Element in einer anderen Farbe darstellen.

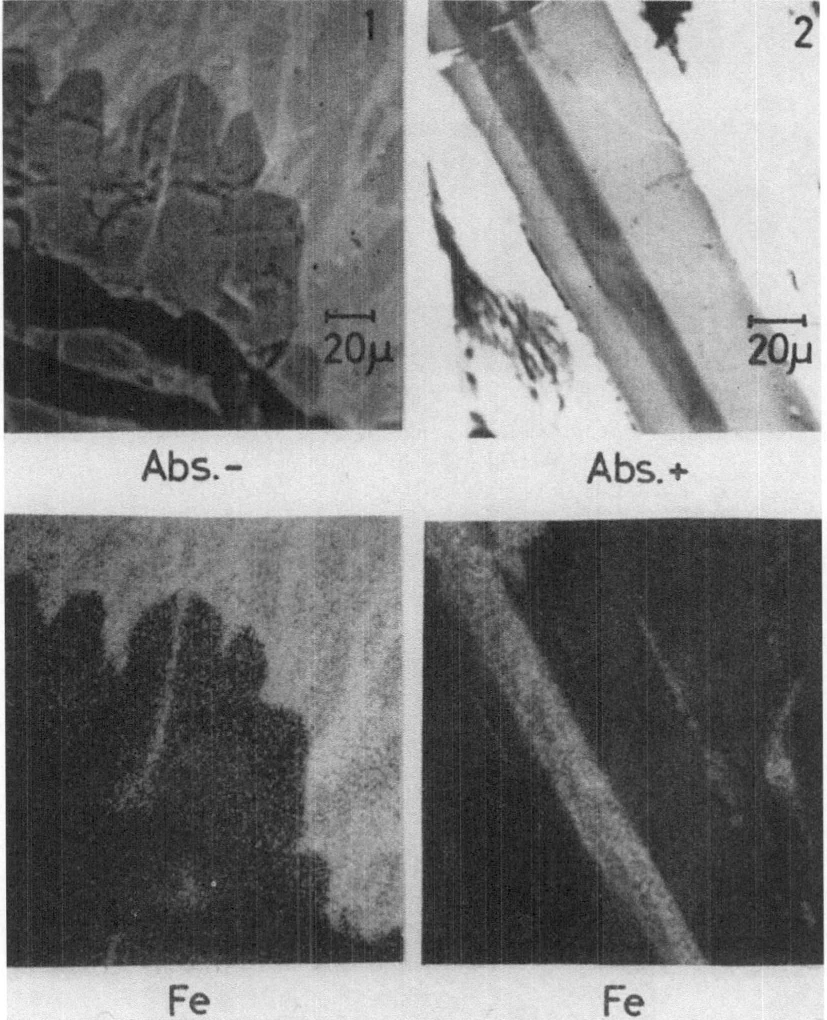

Abb. 24. Elementspezifisches Flächenscanning an Apatiten der Übergangszone zwischen Tiegelwand und Schmelze (*1*) bzw. des Lunkerraumes (*2*)

An Hand von Untersuchungen über Eisenoxidapatite soll der Wert der Flächenanalyse näher erläutert werden.

Mit Hilfe der in den Abb. 24 und 25 wiedergegebenen elementspezifischen Scanningaufnahmen kann durch Vergleich mit dem auflichtmikroskopischen Bild bzw. dem Absorberbild ein Überblick über die Verteilung der Elemente Eisen,

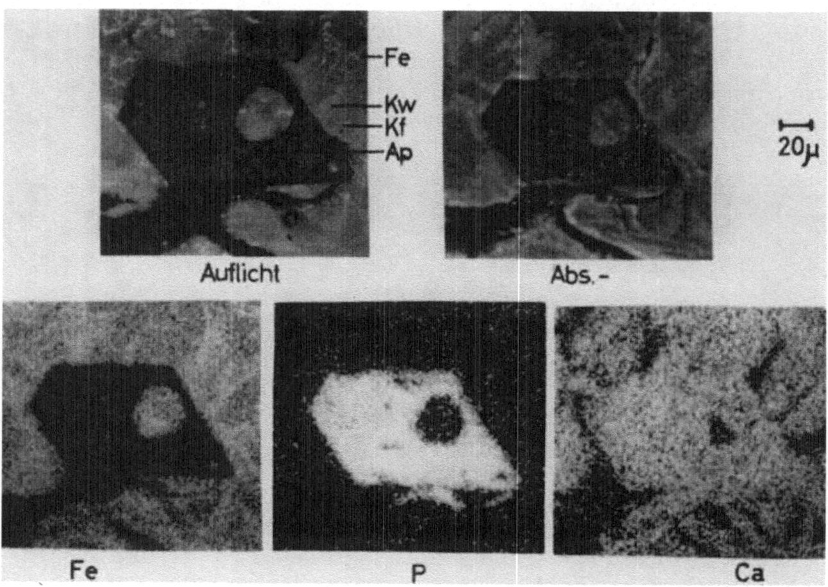

Abb. 25. Elementspezifisches Flächenscanning an einem inmitten der Schmelze primär erstarrten Eisenoxidapatitkristall

Ap Eisenoxidapatit *Kw* Kalkwüstit
Kf Kalkferrit *Fe* metallisches Eisen

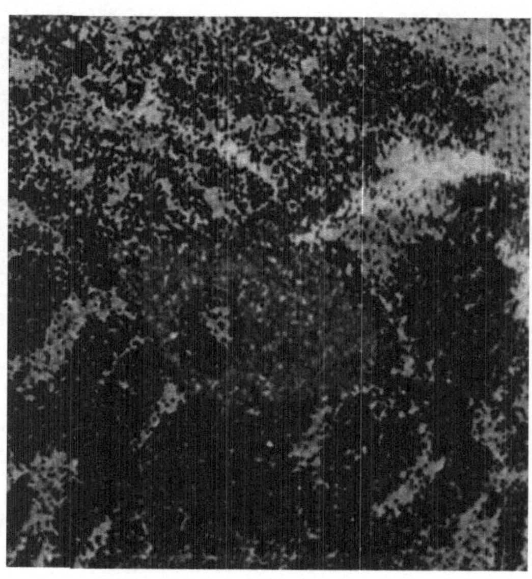

Abb. 26. „Farbscanningaufnahme" von Eisenoxidapatit (wie in Abb. 25)
Fe: grün Ca: rot
lunkerartiger Hohlraum in der Schmelze: gelb

Calcium und Phosphor auf die einzelnen Schlackenphasen gewonnen werden. Besonders deutlich tritt hierbei der geringe Eisengehalt der Eisenoxidapatitphase zutage, auch Kalkwüstit und Kalkferrit sind durch ihren Eisengehalt — selbst im Bereich der Kristallseele — gut zu unterscheiden. Eine gleichzeitige Darstellung der Verteilung von zwei Elementen auf die Schlackenphasen zeigt Abb. 26. Diese „*Farbscanning*"-Aufnahme wird so erhalten, daß man die einzelnen Negative der ursprünglich auf Schwarzweiß-Filmmaterial aufgenommenen elementspezifischen Scanningaufnahmen zu einer Kontaktkopie umkehrt und die erhaltenen „Positive" nacheinander unter Verwendung je eines anderen Farbfilters übereinander auf ein Vergrößerungspapier für Farbabzüge vom Negativmaterial kopiert. In Abb. 26 wird Eisen grün und Calcium rot wiedergegeben; auf einen Blick kann man dadurch die eisenreichere (überwiegend grüne) Kalkwüstitphase und die eisenärmere (als Mischung zwischen grün und rot braun erscheinende) Kalkferritphase unterscheiden; der fast reine Rotton der Apatitphase weist indessen auf deren geringen Eisengehalt hin. Um erste Hinweise auf etwa vorhandene Konzentrationsgradienten bezüglich der Eisenverteilung innerhalb der Apatitphase zu erhalten, wurde an den einzelnen Ausbildungsformen des Eisenoxidapatits ein elektronisches und ein mechanisches Linienscanning durchgeführt, deren geringe Aussagekraft sich aus den schließlich durch Punktmessungen festgestellten, relativ geringen Änderungen der Eisenkonzentration innerhalb der Apatitphase erklärte.

Durch das von Heinrich [7] gezeigte „concentration mapping" werden Gebiete bestimmter Konzentrationsbereiche in verschiedenen Grautönen dargestellt.

Eine wesentliche Erweiterung des Flächenscannings stellt der Phasenintegrator dar [6].

3.7.2. Punkt- und Linienanalyse

Neben diesen qualitativen Aussagemöglichkeiten besitzt die Elektronenstrahl-Mikroanalyse als Vorteil gegenüber allen anderen Untersuchungsmethoden für feuerfeste Stoffe die Möglichkeit der quantitativen Analyse.

Solche quantitativen Analysen können aber nur durch Punktmessungen erhalten werden.

Da der Elektronenstrahl-Mikroanalysator meist dann eingesetzt wird, wenn kleine Phasen, Einschlüsse, Konzentrationsprofile u. ä. untersucht werden sollen, ist es wichtig, das „Auflösungsvermögen" des Analysenverfahrens genau zu kennen, d. h. abzuschätzen, welche Mindestabmessungen eine zu analysierende Phase haben muß, um bei den angewendeten Analysenbedingungen die gewünschte Komponente auch nur in jenem Gebiet zu analysieren, das vollständig innerhalb der gefragten Phase liegt (siehe Kapitel 3.6.3.). (Punktanalyse siehe Malissa [10] S. 95 und 96.)

Um diesen Gegebenheiten Rechnung zu tragen, kann man sich einer allgemein anwendbaren Meßmethode, dem „gezielten Linienscanning" [12], bedienen (Abb. 27). Dadurch ist es möglich, Durchstrahlungseffekte zu erkennen und nur solche Analysenergebnisse auszuwerten, die signifikant für die zu analysierende Phase sind.

Für den Fall des Vorliegens genügend großer Analysenbereiche ist die mit geringerem Zeitaufwand verbundene „Schablonenmethode" geeignet [12]. Mit Hilfe einer Schablone können unter Verwendung des Oszilloskopschirmes der Scanningeinrichtung des Elektronenstrahl-Mikroanalysators in einem Bereich Meßpunkte gesetzt werden, in dem zwar die Rowland-Bedingungen nicht exakt erfüllt sind, aber Ergebnisse erhalten werden, die innerhalb der üblichen Fehlergrenzen für Elektronenstrahl-Mikroanalysen liegen.

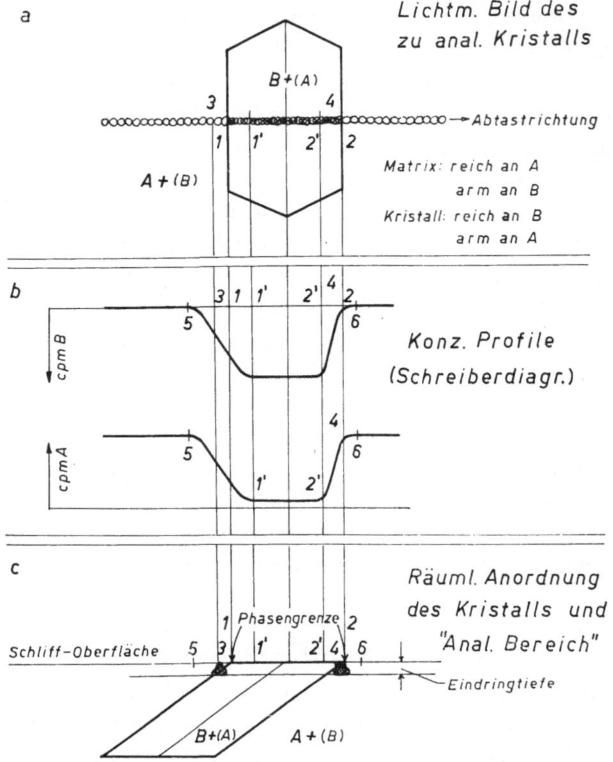

Abb. 27. Schematische Darstellung des mechanischen Linienscannings

Ein Vergleich der beiden Meßmethoden bei der Bestimmung der gegenseitigen Löslichkeit von MgO und CaO im Sinterdolomit ergab, daß die Methode des „gezielten Linienscannings“ bessere Ergebnisse liefert als die „Schablonenmethode“ [12].

3.8. Standardproben

Da die Elektronenstrahl-Mikroanalyse ein relatives Analysenverfahren ist, muß die auf einer Probe gemessene Röntgenintensität mit der auf einer Probe bekannten Gehaltes ermittelten verglichen werden.

Ursprünglich glaubte man, mit Reinstmetallen als Standardproben das Auslangen zu finden. Doch mit fortschreitender Anwendung der ESMA kommt man immer deutlicher zu der Erkenntnis, daß die Matrixeffekte auch bei dieser Analysenmethode große Bedeutung haben. Besonders bei der quantitativen Analyse feuerfester Stoffe ist es nicht möglich, Reinstmetalle als Bezugspunkte zu wählen um die ermittelten Intensitätsverhältnisse in Konzentrationen umzurechnen. Auf die Auswertung der gemessenen Röntgenintensitäten wird im nächsten Kapitel näher eingegangen.

An dieser Stelle sei nur erwähnt, daß bei der Untersuchung oxidischer Systeme der feuerfesten Stoffe möglichst nur solche Proben als Standard Verwendung finden können, die in der chemischen Zusammensetzung den zu analysierenden Phasen sehr ähnlich sind.

Diese Proben können sowohl aus p.a. Substanzen „synthetisch" hergestellt werden als auch natürlich vorkommende Produkte sein.

Geeignet ist eine solche Probe dann als Bezugspunkt, wenn sie zwei Forderungen erfüllt:

a) gleiche Matrixeffekte wie in der zu untersuchenden Probe;

b) in bezug auf das Auflösevermögen der Methode homogene Verteilung der Komponenten.

3.8.1. Herstellung von Erdalkalioxid-Standardproben

Nach R. C. DOMAN *et al.* [5] nehmen bei 2300° C MgO 8% CaO und CaO 17% MgO in fester Lösung auf. Der Schmelzpunkt von MgO liegt bei 2800° C und der von CaO bei 2600° C. Da der höhere Schmelzpunkt von MgO und die geringere Löslichkeit von Kalk in Periklas größere Schwierigkeiten bei der Herstellung von festen Lösungen von CaO in MgO erwarten lassen, wurde zuerst versucht, eine Probe herzustellen, die 3% CaO und 97% MgO enthält.

Ein Aufschmelzen eines geeigneten Oxidgemisches, Homogenisieren der Schmelze und Abschrecken auf Raumtemperatur sind unmöglich, da die erforderlichen Temperaturen zu hoch liegen, um sie technologisch im kleinen Maßstab zu beherrschen. Es ist weniger kompliziert, solche Temperaturen zu erreichen, als ein geeignetes Tiegelmaterial zu finden. Außerdem können beim Abschreckungsvorgang Entmischungen auftreten, die die Brauchbarkeit des Produkts als Standard in Frage stellen.

Es wurde deshalb versucht, in fester Phase die Bildung eines Mischkristalls oder ein dichtes Zusammensintern homogen verteilter CaO- und MgO-Partikelchen zu erreichen [8].

Zunächst sind aus einer Ca- und Mg-haltigen Lösung die Karbonate gemeinsam gefällt worden. Nach dem Entsäuern bei 1200° C erhält man ein Oxidgemisch, das unter Drücken von 5000 kp/cm^2 zu quaderförmigen Stäbchen (50 mm × 5 mm × 3 mm) verpreßt und bei 1800° C eine Stunde im Tammannofen gebrannt wurde.

Diese Proben zeigen neben einer unregelmäßigen Verteilung des CaO auch verschieden große CaO-Teilchen, die inhomogen im Probenstück verteilt sind.

Wesentlich bessere Erfolge können erzielt werden, wenn eine salpetersaure Lösung unter Rühren bis zur Trockenen eingedampft wird und die so erhaltenen Nitrate durch Erhitzen in die Oxide umgewandelt werden. Verpreßt man dieses Oxidgemisch mit einem Druck von 5000 kp/cm^2 und brennt bei 1950° C im Tammannofen, so erhält man Proben, in denen das CaO homogen im Periklas gelöst, an den Korngrenzen aber Ca-Anreicherungen vorliegen. Genauere Untersuchungen an den Phasengrenzen ergaben, daß es sich dabei um Calciumsilikate handelt, die bei 1900° C schmelzen und den Periklas umschließen. Da von p.a. Substanzen ausgegangen wurde, kann die Kieselsäure nur während der Herstellung eingedrungen sein.

Alle Versuche, das Oxidgemisch vor dem Kohlerohr des Ofens zu schützen, sind fehlgeschlagen, da bei 2000° C einerseits das MgO praktisch alle in Frage kommenden Materialien stark angreift, andererseits das Graphitrohr des Ofens äußerst korrodierend wirkt. Dichte, homogene und gut polierbare Proben wurden schließlich erhalten, als vorgepreßte Probenkörper auf Plättchen derselben Zusammensetzung aufgelegt und mit einem Schweißbrenner auf ungefähr 2000° C erhitzt wurden. Nach einer Stunde konnten von der Probe gesinterte Stückchen von ca. 30 mg Gewicht abgetrennt werden.

Die Mikrosondenuntersuchungen ergaben die homogene Verteilung des CaO und einen Gehalt von 1,4%, bezogen auf Kristallkalk als 100%-Standard. Dasselbe Stückchen, das mit der Sonde analysiert wurde, ist einer naßchemischen Ca-Mikrobestimmung nach R. A. Chamlers [3] unterzogen worden. Der CaO-Gehalt betrug 3%.

3.8.2. Herstellung von Silikat-Standardproben

L. S. Walter [14] berichtet über eine einfache Methode zur Herstellung homogener silikatischer Standards.

Der Vorgang beinhaltet die Verwendung einer ammoniumstabilisierten wäßrigen Form von Silicagel, die von Dupont Corp. unter der Bezeichnung Ludox herausgegeben wird. Dazu werden standardisierte Nitratlösungen anderer Kationen verwendet.

Die am häufigsten verwendeten Startsubstanzen sind in Tab. 6 angeführt. Nach ihrer Vorbereitung müssen einige der Lösungen durch Eindampfen zur Trockene und Auswägen standardisiert — d. h. vorher naßchemisch analysiert — werden, wie in der Tab. 6 angeführt ist.

Tabelle 6. *Häufig verwendete Startsubstanzen*

Element	Startsubstanz	Standardisierung
Al	$Al(NO_3)_3 \cdot 9\,H_2O$	Ja
Mg	Mg	Nein
Ca	$CaCO_3$	Nein
K	K_2CO_3	Nein
Na	Na_2CO_3	Nein
Fe	$Fe(NO_3)_3 \cdot 9\,H_2O$	Ja

Das Gel wird so hergestellt, daß man bekannte Volumina der Nitratlösungen und Salpetersäure unter Rühren mit Ludox vermischt. Die Salpetersäure verhindert die Ausfällung von Hydroxiden.

Es stellte sich weiter heraus, daß die konventionelle Methode der Entwässerung eines Gels — das Trocknen auf einem Dampfbad — ein zu stark heterogenes Material produziert, als daß es als Standardsubstanz verwendet werden könnte.

Die beste Trocknungsmethode besteht im Aufsprühen der Lösung auf eine Platinfolie, die von unten mit einem Gasbrenner beheizt wird. Die rasche Entwässerung erzeugt ein ziemlich homogenes Material.

Nach dem Trocknen werden die Nitrate (auf Platinfolie) durch zweistündiges Erhitzen bei 900° C in einem Ofen zersetzt, und das dabei entstehende oxidische Pulver wird dann von der Platinfolie mit einem Spatel abgekratzt und verpreßt.

Für diesen Vorgang wird eine Preßform aus Wolframkarbid mit polierten Druckflächen von ungefähr 3 mm Durchmesser benutzt. Die Methode ergibt einen Preßling von genügender Größe und erlaubt es, einen Druck bis zu 5000 kp/cm² zu erhalten, wenn nur eine Kraft von 100 kp/cm² angewendet wird. Drücke im Bereich von 3000—5000 kp/cm² erzeugten einen dichten, durchscheinenden Preßling mit einer glatten Oberfläche, der für eine Verwendung als Standard geeignet war. Der auf diese Weise erzeugte Preßling ist extrem dünn und kann auf einen Träger geklebt werden, um ihn an den Probenhalter der Mikrosonde anzupassen — in diesem Fall auf eine Glasscheibe von 25 mm Durchmesser. Der Vorgang wird abgeschlossen durch eine Bedampfung der Probe mit Kohlenstoff. Der Preßling kann aber auch eingebettet und poliert werden. Die Verbesserung der Genauigkeit bei dieser Technik war im allgemeinen nicht ausreichend, um dieser Methode den Vorzug gegenüber der Analyse der unbehandelten Probenoberfläche zu geben.

Eine weitere Möglichkeit besteht im Aufschmelzen oder Kristallisieren des Gels, um eine Standardsubstanz zu erhalten, die größere Homogenität aufweist als das Aufschmelzen einer mechanischen Mischung der Oxide. Obwohl dieser Schritt nicht immer durchführbar ist, wurden damit gute Ergebnisse erzielt.

Gele des Zweistoffsystems MgO-SiO_2 wurden nach den beschriebenen Arbeitstechniken vorbereitet. Die Anteile an MgO in diesen Gelen betrugen 10, 25, 50, 75 und 90 Gew.%, zusätzlich wurden Gele hergestellt, die der Zusammensetzung der kristallinen Phasen Forsterit Mg_2SiO_4 und Enstatit $MgSiO_3$ entsprachen.

Die Pulver wurden als Preßlinge vorbereitet und deren polierte Flächen mit einer ARL-Mikrosonde analysiert. Die $SiK\alpha$-Strahlung wurde auf ADP und die Mg-Strahlung auf KAP über geschlossenen Proportionalzählrohren bei einer Beschleunigungsspannung von 30 kV analysiert.

Um die lokalen Unterschiede in der Zusammensetzung auszuschalten, wurde folgende Meßtechnik angewendet: Die Probe wurde mit einer Geschwindigkeit von 96 μm pro Minute unter dem Elektronenstrahl von 0,1 μA Probenstrom durchgezogen.

Werden die Eichkurven, die auf Grund von Messungen der Standardpreßlinge aufgenommen wurden, mit den von Adler und Goldstein [1] ermittelten Kurven verglichen, so zeigt sich eine gute Übereinstimmung. Die einzige notwendige Korrektur besteht in der Absorptionskorrektur. Die Fluoreszenz- und die Atomnummerkorrektur können vernachlässigt werden. Die Übereinstimmung zwischen den Eichkurven und den Intensitätsverhältnissen für dazwischen liegende kristalline Standardproben unterstützt stark die analytische Arbeitstechnik und den rechnerischen Vorgang.

Wenn einmal Standardlösungen vorhanden sind, ermöglicht die einfache Herstellung von Standardproben die Analyse einer Probe durch sukzessive Annäherung.

Diese Methode wurde in der Ermittlung der Zusammensetzung von Glas im Clovis-Meteoriten angewendet. In diesem Fall war Glas der vorliegenden Zusammensetzung stabil, so daß die Gelpulver zusammengeschmolzen und poliert wurden. Drei Standardserien waren notwendig, um für die Glaszusammensetzung, die einen ziemlich breiten Bereich einnahm, passend zu sein. In vielen Fällen war es dann möglich, Interpolationen zur Bestimmung der chemischen Zusammensetzung durchzuführen.

Literatur

1. ADLER, I., and J. GOLDSTEIN: National Aeronauties and Space Administration Technical Note TND 2984.
2. CASTAING, R.: Dissertation Advances Electronics, Electron Physics **13**, 317 (1960).
3. CHAMLERS, R. A.: Analyst **79**, 519 (1954).
4. DUNCUMB, P., and P. K. SHIELDS: Brit. Journ. Appl. Phys. **14**, 617 (1963).
5. DOMAN, R. C., J. B. BARR, and R. N. MCNALLY: J. Amer. Ceram. Soc. **46**, 313 (1963).
6. DÖRFLER, G., und E. PLÖCKINGER: Archiv für Eisenhüttenwesen **36**, 649 (1965).
7. HEINRICH, K. F. J.: Advances X-Ray Analysis **6**, 291 (1963). New York: Plenum Press.
8. HORN, H. CHR.: Diss. TH Wien (1967).
9. LENNARTZ, G., und M. DE LAFFOLIE: Mikrochim. Acta, Suppl. II, **1967**, 279.
10. MALISSA H.: Elektronenstrahl-Mikroanalyse. Wien-New York: Springer-Verlag. 1966.
11. MALISSA, H., und W. JÜTTE: Mikrochim. Acta, Suppl. III, **1968**, 164.
12. HORN, H. CH.: Mikrochim. Acta, 539 (1969).
13. TAGAI, H.: Taikabutsu **19**, 605 (1967).
14. WALTER, L. S.: IV. Intern. Congr. on X-Ray Optics and Microanalysis, Orsay (1965), S. 615.
15. WITTRY, D. B.: J. appl. Phys. **29**, 420 (1959).

4. Rechenoperationen und Auswertungen

4.1. Zusammenhang Konzentration-Intensitätsverhältnis

Während man zu qualitativen Aussagen einerseits die Wellenlänge der charakteristischen Röntgenstrahlung, andererseits die rückgestreuten Elektronen sowie das für Elektronen verschiedene Absorptionsvermögen der einzelnen Komponenten in der Probe heranzieht, ist für die quantitative Analyse die Intensität der charakteristischen Strahlung von entscheidender Bedeutung. Den Zusammenhang zwischen Konzentration und gemessener Intensität der Strahlung eines Elements in der Probe aufzuzeigen und auf Grund physikalischer Überlegungen mathematisch auszudrücken, ist eines der grundlegenden Probleme in der Elektronenstrahl-Mikroanalyse.

Da die im Elektronenstrahl-Mikroanalysator gemessenen Intensitäten von der Anregungsspannung, vom Strahl- bzw. Probenstrom und von nicht beeinflußbaren Gerätekonstanten stark abhängig sind, werden immer Relativmessungen durchgeführt, bei denen die Intensitätsverhältnisse der Strahlung des gesuchten Elements emittiert von der Probe und Standard proportional der gesuchten Konzentration sind. Der Proportionalitätsfaktor kann entweder an Hand von theoretischen Überlegungen oder mit Hilfe von Eichproben gefunden werden.

Die Spannung, mit der die Elektronen beschleunigt werden, und die elementspezifischen Kenngrößen der Komponenten, die die Probe aufbauen, beeinflussen die Erzeugung der charakteristischen Röntgenstrahlung in Probe und Standard. Der Unterschied in Ordnungszahl, Atomgewicht, Dichte und Ionisierungsquerschnitt zwischen den Atomen in der Probe und im Standard macht eine „Atomnummernkorrektur" erforderlich. Eine „Absorptionskorrektur" ist bedingt durch die unterschiedliche Absorption der primär erzeugten Röntgenstrahlung in Probe und Standard, um auf vergleichbare, tatsächlich emittierte Intensitäten zu kommen. Das kontinuierliche Röntgenspektrum und gegebenenfalls die charakteristische Strahlung einer Komponente in der Probe können die Intensitäten der Strahlung des zu bestimmenden Elements zusätzlich erhöhen, wodurch die Einführung einer „Fluoreszenzkorrektur" notwendig wird.

Man kann somit folgenden Zusammenhang aufzeigen:

$$\frac{I_{Pr}^{A}}{I_{Std}^{A}} = k_A = c_A \cdot F_1 \cdot F_2 \cdot F_3$$

In der Formel bedeuten:

I_{Pr}^{A} gemessene Intensität der charakteristischen Strahlung des Elements A in der Probe

I_{Std}^{A} gemessene Intensität der charakteristischen Strahlung des Elements A im Standard

c_A Konzentration des Elements A (in Gew. %)
F_1 Faktor für die Atomnummernkorrektur
F_2 Faktor für die Absorptionskorrektur
F_3 Faktor für die Fluoreszenzkorrektur

Unter „gemessener Intensität“ wird die nach Totzeit korrigierte und nach dem Abzug des Hintergrundes erhaltene Intensität verstanden.

4.2. Diskussion der Korrekturformeln

In der Praxis liegen die Probleme meist so, daß nur die eine oder andere Korrektur größere Bedeutung besitzt, so daß die übrigen, weil sehr gering, vernachlässigt werden können. Die stärkste Abweichung von dem direkten Zusammenhang zwischen Intensität und Konzentration ist auf Absorptionseffekte zurückzuführen. Daneben macht sich der Einfluß der Atomnummernunterschiede bemerkbar. Die Fluoreszenzkorrektur hingegen ist nur bei gewissen Elementkombinationen und Meßbedingungen bedeutend. Werden zur Analyse die K-Linien verwendet, ist die Intensitätserhöhung durch Fluoreszenz besonders bei Elementen mit der Ordnungszahl 22 bis 33 zu berücksichtigen (Abweichungen bis 26%). Werden L-Linien zur Messung herangezogen, wirkt sich der Fluoreszenzeffekt erst bei Elementen mit einer Ordnungszahl über 50 aus [20].

Die Tab. 7 bringt eine Zusammenstellung der wichtigsten Korrekturformeln und deren Autoren. Die analytischen Ausdrücke selbst sind aus Gründen der besseren Übersicht nicht angeführt, können aber den angeführten Veröffentlichungen entnommen werden. Aus dieser ersieht man, welche Korrekturausdrücke nur Absorptionseffekte bzw. Fluoreszenzeffekte berücksichtigen und welche auf Grund theoretischer Überlegungen abgeleitet wurden und welche auf empirischen Daten aufgebaut sind.

Die in Tab. 7 angeführten Korrekturverfahren wurden zum Teil von den Autoren selbst auf ihre Brauchbarkeit hin untersucht und auf Grund der Eignung zur Korrektur gewisser Systeme als allgemein anwendbar bezeichnet. D. M. Poole und P. M. Thomas [19] haben an 150 Analysenwerten von verschiedenen Systemen bekannter Zusammensetzung angeführten Verfahren Absorptions- und Atomnummernkorrekturen vorgenommen und damit gezeigt, welche der Formeln die besten Resultate liefert. Die bearbeiteten Analysenergebnisse stammen von verschiedenen Laboratorien und beziehen sich hauptsächlich auf metallische Zweistoffsysteme. Die Legierungen wurden so gewählt, daß ihre „mittleren Ordnungszahlen“ den ganzen Bereich zwischen 12 und 92 überstreichen und die Komponenten der einzelnen Systeme große und kleine Atomnummernunterschiede aufweisen. An oxidischen Systemen wurden nur Zr-O, Fe-O und U-O berücksichtigt.

Das Ergebnis dieser Arbeit war, daß der Birkssche Ausdruck [5] am wenigsten, die Formel von P. M. Thomas [23] am besten geeignet ist, gemessene Intensitätsverhältnisse zu korrigieren. Die Verfahren von Ziebold und Ogilvie [26] und von Theisen [22] sind ungefähr gleichwertig. Während bei der Korrektur nach Ziebold und Ogilvie noch einige Analysen negative Fehler größer als 35% aufweisen und die Verteilung um den Nullpunkt weniger schwankt, sind die Fehler nach der Theisen-Korrektur nicht so groß, streuen aber wesentlich stärker. Archards und Mulveys [1] Ausdruck weist bei den meisten Ergebnissen einen

Tabelle 7. *Zusammenstellung der Korrekturformeln*

Autoren	Der Korrekturausdruck umfaßt	Bemerkungen
1. Philibert [18]	Absorption	Ausdruck nach theoretischen Überlegungen abgeleitet und an experimentelle Kurven angepaßt
2. Birks [5]	Absorption	Ausdruck theoretisch abgeleitet unter Zuhilfenahme schwerwiegender Vereinfachungen
3. Dewey [10]	Absorption	Empirische Methode; nur für Zweistoffsysteme
4. Green [13]	Absorption	Empirische Ermittlung der $f(x)$-Kurven
5. Duncumb und Shields [12]	Absorption	Verbesserung der Philibert-Formel durch Berücksichtigung der Überspannung
6. Thomas [23]	Absorption und Atomnummer	Absorption: Philibert. Atomnummer: Parameter aus empirischen Daten
7. Ziebold und Ogilvie [26]	Absorption und Atomnummer	Ein Parameter für Atomnummer und Absorptionsmöglichkeit der Erstellung einer Eichkurve mit einem Punkt der Kurve; geprüft nur für Zweistoffsysteme
8. Theisen [22]	Absorption und Atomnummer	Ausdruck theoretisch abgeleitet, berücksichtigt Absorption und Atomnummer gleichzeitig in einem Ausdruck
9. Belk [3]	Absorption und Atomnummer	Atomnummer: nach Thomas [23] Absorption: eigene Funktion, um experimentell bestimmte $f(x)$-Kurven zu beschreiben
10. Rouberol [21]	Absorption und Atomnummer	Theoretische Ableitung
11. Archard und Mulvey [1]	Absorption und Atomnummer	Berechnung von $f(x)$-Kurven mittels vereinfachter Monte-Carlo-Methode; bei Anwendung Interpolation nötig
12. Castaing [7]	Fluoreszenz	Theoretisch abgeleitet
13. Wittry [24]	Fluoreszenz	Theoretische Ableitung; 2 Formeln
14. Birks [4]	Fluoreszenz	Theoretische Ableitung; nur für bestimmte Abnahmewinkel
15. Reed [20]	Fluoreszenz	Erweiterung der Castaingschen Formel auf Fluoreszenz der L- und K-Linien durch L- und K-Linien
16. Ilyine [15]	Fluoreszenz	Formel mit empirischen Koeffizienten, die von Gerät und Arbeitsbedingungen abhängen
17. Birks *et al.* [6, 9]	Absorption, Fluoreszenz und Atomnummer	Neu berechnet, Computerauswertung

fast gleichbleibenden negativen Fehler auf und überkorrigiert gewisse Systeme. D. R. Beaman [2] wendet die in Tab. 7 angeführten Korrekturverfahren auf

Ergebnisse von metallischen Zweistoffsystemen mit einer „mittleren Ordnungszahl" zwischen 12 und 33 an, wobei auch die Fluoreszenzkorrekturen berücksichtigt werden. Bei dieser Untersuchung wurde gefunden, daß die Absorptionskorrekturformel von G. M. THOMAS und J. PHILIBERT gute Ergebnisse liefert, wenn auf die Atomnummer und die Konzentration des zu bestimmenden Elements zunächst nicht geachtet wird. Die Fluoreszenzeffekte berücksichtigt im Atomnummernbereich 12 bis 33 sehr gut der von S. I. B. REED [20] verbesserte Ausdruck von CASTAING. Um Genauigkeiten von ± 2 bis $\pm 5\%$ zu erhalten, müssen bei der Wahl des Korrekturverfahrens die Atomnummer und der Konzentrationsbereich in Betracht gezogen werden. Ist die zu bestimmende Konzentration größer als 10%, so sind die meisten Verfahren gut geeignet. Bei Konzentrationen kleiner als 10% ist der Erfolg der einzelnen Verfahren abhängig von der Ordnungszahl des zu analysierenden Elements.

Bei Atomnummern um 15 sind die Ausdrücke von P. M. THOMAS, J. PHILIBERT und die modifizierte Formel von ROUBEROL [21] besser als die Verfahren von M. GREEN [13] und P. DUNCUMB und P. H. SHIELDS [12], welche eher bei Ordnungszahlen um 26 und Konzentrationen größer als 10% angewendet werden sollten.

4.3. Anwendung der Korrekturverfahren auf oxidische Systeme

Die Arbeit von KURAT und ARLT [16], bei der die Korrekturausdrücke von PHILIBERT, THEISEN und die nach DUNCUMB und SHIELDS modifizierte Philibert-Formel zur Berechnung der wahren SiO_2- und MgO-Gehalte in Plagioklas und Diopsid aus dem gemessenen Intensitätsverhältnis herangezogen wurden, sowie die Untersuchungen von K. H. OBST und H. CHR. HORN [17] zeigen deutlich, daß keine der zur Zeit zur Verfügung stehenden Formeln geeignet ist, in jedem beliebigen oxidischen System erfolgreich angewendet zu werden.

Für den feuerfeste Stoffe untersuchenden Mikrosondenbenutzer ist es daher ziemlich schwierig, den besten Ausdruck ausfindig zu machen. Nicht nur wegen der großen Auswahl an angegebenen Formeln, sondern auch auf Grund der zahlreichen Möglichkeiten bei der Verwendung dieser Ausdrücke. So werden einerseits von fünf verschiedenen Autoren Tabellen von Massenschwächungskoeffizienten angeboten, die Zahlenwerte enthalten, die vielfach recht unterschiedlich sind, andererseits wird der zum Teil erhebliche Unterschied zwischen Gewichts- und Atomprozent nicht berücksichtigt. PHILIBERT z. B. verwendet für die Berechnung des Atomnummernparameters Atomprozent und für die Massenschwächungskoeffizienten der zu messenden Strahlung in der Probe Gewichtsprozent. THEISEN dagegen rechnet nur mit Gewichtsprozenten.

Für das System CaO-MgO z. B. haben diese Tatsachen die nachfolgenden Auswirkungen: Während die Massenschwächungskoeffizienten der verschiedenen Autoren bis zu 30% differieren und sich diese Unterschiede bis in das korrigierte Ergebnis unvermindert fortpflanzen, ist der Einfluß des Unterschiedes in der mittleren Ordnungszahl, bedingt durch die Verwendung von Molprozenten oder Gewichtsprozenten, auf das Endergebnis geringer. Differieren die mittleren Ordnungszahlen bis zu 20%, weichen die Endergebnisse nie mehr als 5% voneinander ab.

Aus all diesen Ausführungen kann zusammenfassend gefolgert werden, daß zur quantitativen Analyse oxidischer Systeme der feuerfesten Stoffe nur Standardproben Verwendung finden können, die der zu analysierenden Phase der chemischen Zusammensetzung nach sehr ähnlich sind.

Literatur

1. ARCHARD, G. D., T. MULVEY, H. H. PATTEE, V. E, COSSLETT, and A. ENGSTRÖM: X-Ray Optics and X-Ray Microanalysis, p. 393. New York: Academic Press 1963 and: Brit. J. appl. Physics **14**, 626 (1963).
2. BEAMAN, H. A.: Anal. Chem. April 317 (1967).
3. BELK, J. A.: Abstr. of IV. Intern. Congr. on X-ray Optics and Microanalysis, Orsay, France (1965).
4. BIRKS, L. S.: J. appl. Phys. **32**, 387 (1961).
5. BIRKS, L. S.: Electron Probe Microanalysis. New York: Interscience Publishers. 1963.
6. BIRKS, L. S., D. J. ELLIS, B. K. GRANT, A. S. FRISCH, R. B. HICKMANN, T. D. MCKINLEY, K. F. J. HEINRICH, and D. B. WITTRY: The Electron Microprobe, p. 199. New York: J. Wiley and Sons. 1966.
7. CASTAING, R.: Dissertation, Universität Paris (1951).
8. CASTAING, R.: Advances Electronics Electron Physics **13**, 317 (1960).
9. CRISS, I. W., L. S. BIRKS, T. D. MCKINLEY, K. F. J. HEINRICH, and D. B. WITTRY: The Electron Microprobe, p. 217. New York: J. Wiley and Sons. 1966.
10. DEWEY, R. D., R. S. MADES, and T. W. REYNOLDS: A Table of Coeff. for the Microprobe Analyst with Tables of X-Ray Data; Met. Comp. (1965).
11. DUNCUMB, P., and P. K. SHIELDS: Brit. J. appl. Physics **14**, 617 (1963).
12. DUNCUMB, P., P. K. SHIELDS, T. D. MCKINLEY, K. F. J. HEINRICH, and D. B. WITTRY: The Electron Microprobe, p. 284. New York: J. Wiley and Sons. 1966.
13. GREEN, M., H. H. PATTEE, V. E. COSSLETT, and A. ENGSTRÖM: X-Ray Optics and X-ray Microanalysis, p. 361. New York: Academic Press. 1963.
14. HORN, H.: Dissertation TH Wien, 1967.
15. ILJNE, N. P.: Jzv. Akad. Nauk. SSSR. Ser. Fiz. **25**, 929 (1961).
16. KURAT, G., and H. H. ARLT: Mikrochim. Acta, Suppl. I, 314 (1966).
17. OBST, K. H., and H. CHR. HORN: Mikrochim. Acta, Suppl. II (1967), 284 (1967).
18. PHILIBERT, J.: Métaux (Corr. et Ind.) **465**, 157 (1964); **466**, 216 (1964); **469**, 325 (1964).
19. POOLE, D. M., P. M. THOMAS, T. D. MCKINLEY, K. F. J. HEINRICH, and D. B. WITTRY: The Electron Microprobe, p. 248. New York: J. Wiley and Sons. 1966.
20. REED, S. J. B.: Brit. J. appl. Physics **16**, 913 (1965).
21. ROUBEROL, J., M. TONG, and C. CONTY: G.A.M.S. Conf. Paris, France. 1966.
22. THEISEN, R.: Quant. Electron Microprobe Analysis. Berlin-Heidelberg-New York: Springer-Verlag. 1965.
23. THOMAS, P. M.: Brit. J. appl. Physics **14**, 397 (1963).
24. WITTRY, D. B.: Dissertation, Calif. Inst. Techn. Pasadena, Calif. (1967).
25. WITTRY, D. B.: J. appl. Phys. **29**, 420 (1959).
26. ZIEBOLD, T. O., and R. E. OGILVIE: Anal. Chem. **36**, 322 (1964).

5. Untersuchungen in Mehrstoffsystemen

5.1. Grundsätzliche Untersuchungen am Beispiel des Systems MgO-CaO-SiO_2 [7]

Für die experimentelle Untersuchung von Zustandsdiagrammen, insbesondere im Bereich der Liquidus-Solidus-Temperaturen, gibt es heute eine Reihe von Methoden, unter ihnen wohl am meisten gebräuchlich die thermische und die thermodynamische Analyse, das Verfahren der Sättigungsschmelzen und die Quenching-Methode. Wenn zu diesen bewährten Verfahren eine weitere Möglichkeit hinzugefügt werden soll, dann kann es sich nur darum handeln, wesentliche Vereinfachungen zu finden, ohne den Informationswert des einzelnen Versuches zu schmälern, wenn möglich, ihn sogar zu erhöhen.

Werden die genannten Verfahren unter diesem Gesichtspunkt betrachtet, dann muß bei der *thermischen Analyse* der zu einer befriedigenden Empfindlichkeit notwendige große experimentelle Aufwand auffallen. Ferner treten Schwierigkeiten auf bei der Untersuchung leicht unterkühlbarer Substanzen, und schließlich können keine Aussagen über die Zusammensetzung einer mit der Schmelze im Gleichgewicht stehenden festen Phase gemacht werden. Die *thermodynamische Analyse* eignet sich insbesondere bei Systemen mit gut wärmeleitfähigen metallischen Komponenten. Die einfache Methode der *Sättigungsschmelzen* ist immer dann erfolgreich, wenn als feste Phase ein dichter Tiegel oder ein sättigender, fester Bodenkörper der Schmelze zur Reaktion angeboten werden kann, ohne daß eine mechanische Zerstörung dieses Körpers erfolgt oder eine unkontrollierte Verbindungsbildung an der Phasengrenze Schmelze/Festkörper. Ein nicht zu übersehender Nachteil ist dabei die große Zahl von Versuchen, die zur Festlegung einer Sättigungslinie notwendig sind. Viele Versuche kennzeichnet auch das heute gebräuchlichste Verfahren, die *Quenching-Methode.* Sie setzt voraus, daß die bei hoher Temperatur im Gleichgewicht vorhandenen Phasen auf Raumtemperatur unterkühlt werden können. Neben dem mikroskopisch zu ermittelnden Verlauf der Liquiduslinie durch einen positiven oder negativen Befund von im Gleichgewicht mit der Schmelze vorhandenen sättigenden Kristallen ist jedoch zunächst keine Aussage möglich über die Zusammensetzung der sättigenden Phase.

Hier nun ergibt sich ein Ansatz zu einem wesentlich einfacheren Verfahren mit darüber hinaus auch weitergehenden Aussagen über die Zusammensetzung der mit der Schmelze im Gleichgewicht stehenden sättigenden festen Phase, indem die Quenching-Methode ergänzt wird durch die Möglichkeiten, die sich durch den Einsatz der Elektronenstrahl-Mikroanalyse anbieten. Im Bereich des festen Zustandes, insbesondere bei Zweistoffsystemen, sind derartige Untersuchungen als Ergänzung des mikroskopischen Befundes zur Phasenerkennung sowohl bei metallischen als auch bei oxidischen Komponenten bereits mehrfach durchgeführt worden [1, 3, 4, 5, 6, 8, 11].

Besondere Vorteile bietet das hier aufgezeigte Verfahren unseres Erachtens aber darüber hinaus gerade im heterogenen Bereich *fest-flüssig*. Die folgenden, zunächst schematisch behandelten Beispiele lassen erkennen, daß der Vorteil weniger Versuche stets deutlicher zum Ausdruck kommt, je mehr Komponenten das zu untersuchende System aufweist.

Abb. 28 zeigt ein Zweistoffsystem A-B mit einer begrenzten Mischkristallbildung von A in B und umgekehrt. Werden bei einer bestimmten Temperatur die Versuche in einem heterogenen Gebiet, z. B. im Punkt X, angesetzt, so liegen nach Gleichgewichtseinstellung nebeneinander die *flüssige Phase* mit der Konzentration

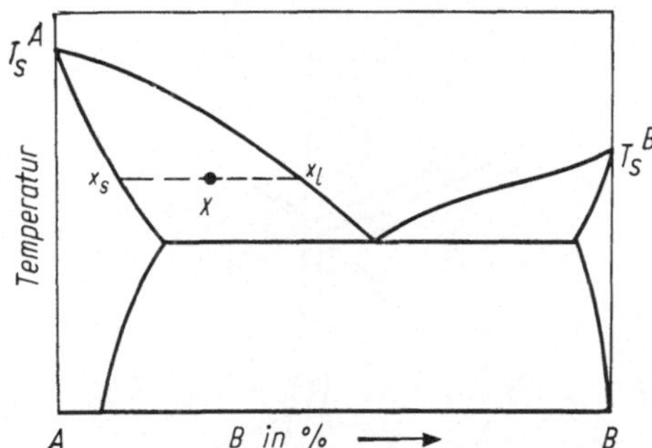

Abb. 28. Schematische Darstellung eines Zweistoffsystems A-B mit begrenzter Mischkristallbildung im festen Zustand (Ermittlung der Punkte x_l und x_s mit Hilfe der Mikrosondentechnik)

X_L und Mischkristalle der Konzentration X_S vor, in einem Mengenverhältnis entsprechend der „Hebelbeziehung" auf der Konode. Wenn es nun gelingt, eine derartige heterogene Schmelze unter Vermeidung einer dem Zustandsdiagramm entsprechenden Gleichgewichtseinstellung während der Kristallisation so abzukühlen, daß die Schmelze glasig oder gleichmäßig äußerst feinkristallin erstarrt, dann können die Punkte x_s und x_l mit dem Elektronenstrahl-Mikroanalysator quantitativ bestimmt werden. Im allgemeinen wird man im Fall eines einfachen Zweistoffsystems zweckmäßig auch zusätzliche Werte über die thermische Analyse ermitteln.

Abb. 29 zeigt schematisch ein Dreistoffsystem A-B-C mit begrenzter Mischkristallbildung von B und C in A usw. für drei verschiedene Temperaturen $T_1 > T_2 > T_3$. Durch Einstellung z. B. weniger verschiedener Mischungen X kann die Isotherme a_{l1}–a_{l2} zusammen mit den dazugehörenden Mischkristallen a_{s1}–a_{s2} wie im Beispiel der Abb. 28 ermittelt werden, wobei gleichzeitig die Konodenrichtungen anfallen. In ähnlicher Weise wird mit den Isothermen c_{l1}–$c_l b_l(T_1)$–b_{l1} und den dazugehörenden Mischkristallen verfahren. Der besondere Vorteil der hier vorgeschlagenen Methode zeigt sich nun bei der mit anderen Verfahren nur schwer oder gar nicht zu ermittelnden genauen Zusammensetzung des Punktes $c_l b_l(T_1)$. Da es sich hierbei um ein Dreiphasengleichgewicht Schmelze $c_l b_l$ – fester Mischkristall c_s – fester Mischkristall b_s handelt, genügt für eine Temperatur T_1 der Ansatz nur *eines* Versuches, z. B. der Gesamtzusammensetzung K_1. Nach Einstellung des Gleichgewichtes und entsprechend schneller Abkühlung sind alle drei Phasen quantitativ mit dem Elektronenstrahl-Mikroanalysator zu bestimmen. Wenn in gleicher Weise einzelne Versuche, z. B. bei den Temperaturen T_2 und T_3, durchgeführt werden, ist es auf einfache Weise möglich, die Temperaturabhängigkeit dieses Dreiphasengleichgewichtes anzugeben, was gleichbedeutend ist mit der Ermittlung des Verlaufes der eutektischen Rinne $c_l b_l(T_1) \ldots c_l b_l(T_3)$ schließlich

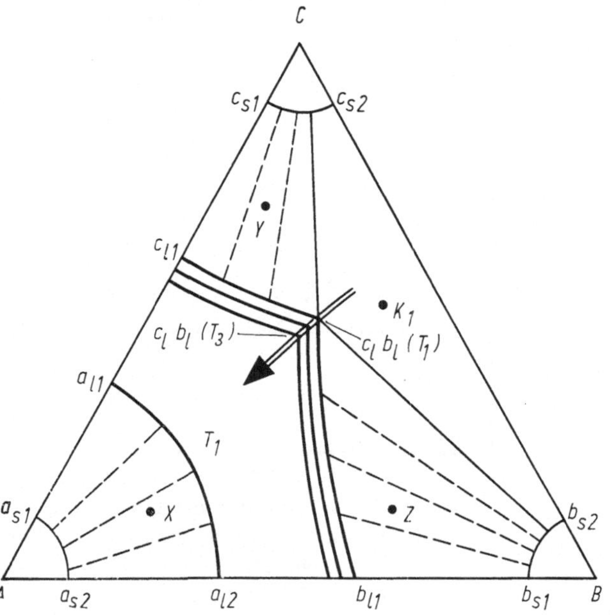

Abb. 29. Schematische Darstellung eines Dreistoffsystems *A-B-C* mit begrenzten Mischkristallbildungen im festen Zustand. (Ermittlung von Isothermen, dazugehörenden festen Mischkristallen, Richtungen von Konoden, Lage von Konodendreiecken und Verlauf von eutektischen Linien mit Hilfe der Mikrosondentechnik)

bis hin zum ternären Eutektikum. Auf die Vorteile, die sich bei der Festlegung von Vier- oder Fünfphasengleichgewichten bei heute in zunehmendem Maße zu behandelnden Mehrstoffsystemen ergeben, soll hier nur hingewiesen werden.

5.1.1. Versuchsdurchführung

Die beschriebene Methode wurde an einem bekannten oxidischen Zustandsdiagramm überprüft, wobei sich insbesondere der Vorteil herausstellte, mit wenigen Versuchen ein Mehrphasengleichgewicht und dessen Temperaturabhängigkeit zu ermitteln. Für diesen Zweck wurde das System CaO-MgO-SiO_2 gewählt, nicht zuletzt auch deswegen, weil es keinen besonderen Aufwand hinsichtlich der einzustellenden Gasphase erfordert.

Besonders erwähnt werden sollen hier noch einige Vorversuche im Zweistoffsystem CaO-SiO_2, die aus systematischen Gründen durchgeführt worden sind und gleich zu Anfang Ergebnisse zeigten, die nicht befriedigend mit den in der Literatur [10, 2, 13] angegebenen Werten übereinstimmten.

Als Ausgangsstoffe wurden Calciumkarbonat p.a. nach Smith, Magnesiumoxid p.a. und aus organischen Siliciumverbindungen gefällte Kieselsäure verwendet. Da das Zustandssystem in diesem Fall bereits bekannt war [12], konnten die Einwaagen in den entsprechenden heterogenen Gebieten fest-flüssig von vornherein so eingestellt werden, daß für die spätere Untersuchung günstige Mengenverhältnisse der einzelnen Phasen vorlagen. Um von Anfang an verhältnismäßig gleichmäßige Mischungen zu erhalten, sind die so eingestellten Zusammensetzungen in einer Menge von rund 2 g zunächst in einem Platintiegel unter Luftatmosphäre bei rund 1000° C 24 Stunden lang geglüht und zwischendurch mehrfach verrieben worden. Erneut fein zerrieben, wurden die Proben anschließend in einer geschlossenen Platinkapsel unter häufigem Wenden 6 Stunden zur Gleichgewichtseinstellung in einem Tammannofen bei der gewünschten Temperatur, z. B. 1600 $\pm$ 5° C, gehalten. Bei Versuchsende wurde die Probe durch Sturz aus geringer Höhe in Eiswasser schnell abgekühlt und aus der Platinkapsel ausgebrochen. Im allgemeinen lag die Schmelze glasig erstarrt vor, und bei günstiger Wahl der Mengenverhältnisse von Schmelze zu fester sättigender Phase hatte die Probe eine Festigkeit, die ausreichte, um einen den Anforderungen der Mikrosondentechnik entsprechenden Mikroschliff herzustellen.

Abb. 30 zeigt hier als Beispiel aus dem unter anderem ebenfalls untersuchten System CaO-Al_2O_3-SiO_2 das Gefüge einer Probe, bei der glasig erstarrte Schmelze im Gleichgewicht neben sättigenden CaO-Kristallen vorliegt.

5.1.2. Ergebnisse

Die Ergebnisse der Versuche im System CaO-SiO_2 in bezug auf den Verlauf der Liquiduslinien bei Sättigung an Calciumorthosilikat oder Kieselsäure sind in der Tab. 8, Versuche 1 bis 8, zusammengefaßt. Die Abb. 31 und 32 zeigen dazu die Gefüge von zwei entsprechenden Proben.

Abb. 33 zeigt das Zustandsdiagramm in der Nähe der Liquiduslinie, wie es kürzlich von G. Trömel, W. Fix und R. Heinke [13] für den Bereich CaO-2 CaO · SiO_2 (durchgezogene Linien) und in älteren Arbeiten für den kieselsäurereicheren Teil von G. A. Rankin, F. E. Wright u. a. [10, 2] (gestrichelte Linien) ermittelt worden ist. Die eingetragenen Versuchspunkte unterscheiden sich von den dort angegebenen Löslichkeitslinien. Zur weiteren Klärung wurden deshalb in diesem Bereich zusätzlich Sättigungsschmelzen bei 1600° C einmal in einem Calciumorthosilikat – zum anderen in einem Kieselsäuretiegel durchgeführt (Versuche 4 und 8). Die auf diese Weise erhaltenen und ebenfalls in das System eingetragenen Ergebnisse bestätigen die mit der Mikrosondentechnik erhaltenen Werte, die zeigen, daß die in älteren [10, 2] aus verhältnismäßig wenigen und unsicheren Versuchen abgeleiteten Phasenbeziehungen in diesem Teil des Diagramms der Überprüfung bedürfen.

Abb. 34 zeigt einen isothermen Schnitt des Zustandsdiagramms CaO-MgO-SiO_2 bei 1600° C nach kürzlich von G. Trömel, K. Koch, W. Fix und N. Grosskurth mit Hilfe von Sättigungsschmelzen durchgeführten Untersuchungen [12] und einigen Angaben aus der Literatur [2]. Die eigenen, mit der Mikrosondentechnik erhaltenen Ergebnisse sind in Tab. 8, Versuche 9 bis 21, zusammengestellt und gemeinsam mit den in den heterogenen Gebieten liegenden Ausgangszusam-

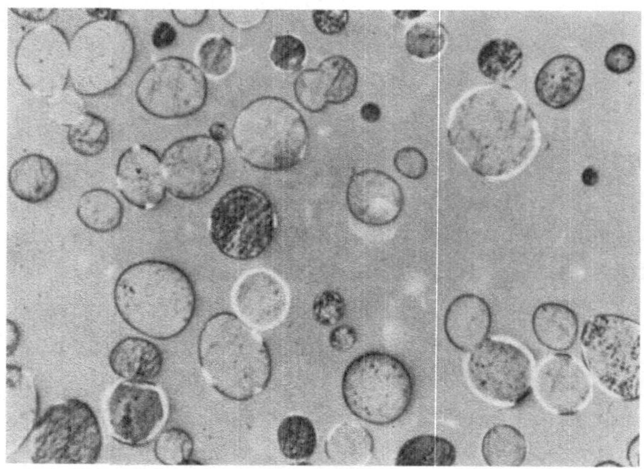

Abb. 30. Gefügebild aus dem System CaO-Al_2O_3-SiO_2 mit Glasphase und CaO-Kristallen (5 sec mit H_2O geätzt), Vergr. 200×

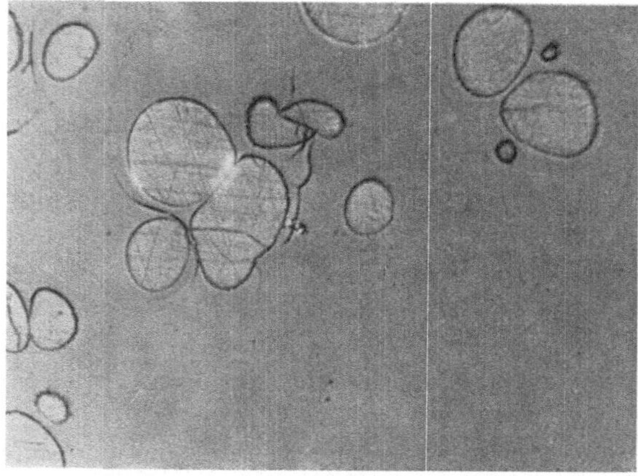

Abb. 31. Gefüge aus dem System CaO-SiO_2, Glasphase und C_2S-Kristalle (30 sec mit H_2O geätzt), Vergr. 200×

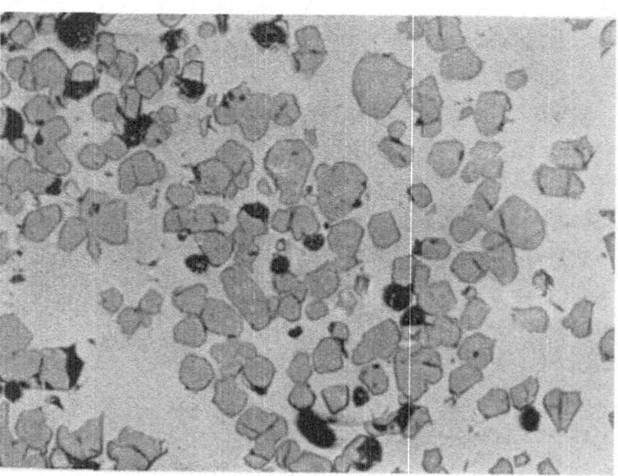

Abb. 32. Gefüge aus dem System CaO-SiO_2, Glasphase und SiO_2-Kristalle (30 sec mit H_2O geätzt), Vergr. 200×

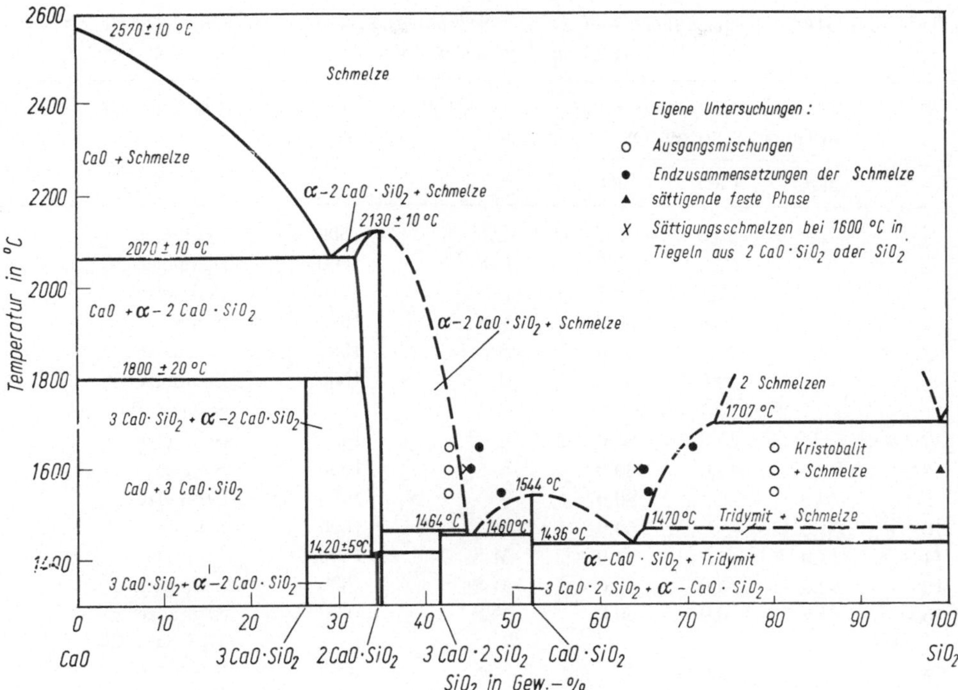

Abb. 33. Zustandsschaubild CaO-SiO_2 nach [13]

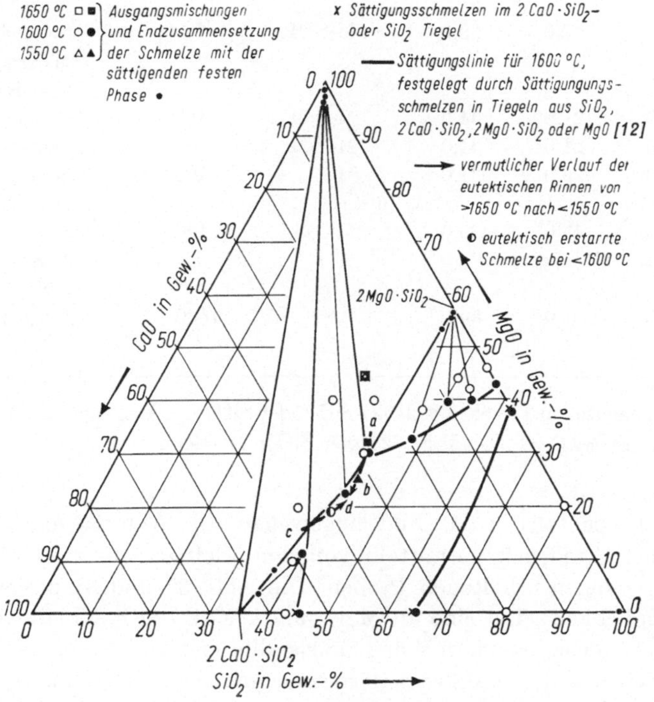

Abb. 34. Isothermer Schnitt des Zustandsschaubildes CaO-MgO-SiO_2 bei 1600° C

Tabelle 8. *Ausgangsmischungen und Analysenergebnisse 1 bis 8 im System* CaO-SiO_2, *Nr. 9 bis 21 im System* CaO-SiO_2-MgO

Nr.	Ausgangszusammensetzung in Gewichtsprozenten			Gesättigt an	Temp. °C	Phase
	MgO	CaO	SiO_2			
1	—	57,3	42,7	C_2S	1550	Schmelze
2	—	57,3	42,7	C_2S	1600	Schmelze
3	—	57,3	42,7	C_2S	1650	Schmelze
4[a]	—	50,0	50,0	C_2S	1600	Schmelze
5	—	20,0	80,0	S	1550	Schmelze
6	—	20,0	80,0	S	1600	Schmelze S-Kristalle
7	—	20,0	80,0	S	1650	Schmelze
8[a]	—	40,0	60,0	S	1600	Schmelze
9	20,0	—	80,0	S	1600	Schmelze
10[a]	41,0	—	59,0	S	1600	Schmelze
11	46,0	—	54,0	M_2S	1600	Schmelze
12	42,0	5,0	53,0	M_2S	1600	Schmelze
13	44,0	6,0	50,0	M_2S	1600	Schmelze M_2S-Kristalle
14	38,0	15,0	47,0	M_2S	1600	Schmelze M_2S-Kristalle
15	45,0	21,0	34,0	M_2S/M	1550	Schmelze M-Kristalle M_2S-Kristalle
16	40,0	22,0	38,0	M_2S/M	1600	Schmelze M-Kristalle M_2S-Kristalle
17	45,0	21,0	34,0	M_2S/M	1600	Schmelze
18	45,0	21,0	34,0	M_2S/M	1650	Schmelze
19	40,0	29,0	31,0	M	1600	Schmelze M-Kristalle
20	20,0	45,0	35,0	M/C_2S	1600	Schmelze M-Kristalle C_2S-Kristalle
21	10,0	51,0	39,0	C_2S	1600	Schmelze C_2S-Kristalle

[a] Sättigungsschmelzen in Tiegeln aus 2CaO-SiO_2 oder SiO_2 mit Ausgangszusammensetzungen C_2S = 2CaO · SiO_2; S = SiO_2; M_2S = 2MgO · SiO_2; M = MgO

mensetzungen ebenfalls in das Bild eingetragen. Die Abb. 35 und 36 sollen als Beispiele einen Eindruck vermitteln von dem Gefüge von zwei unter Gleichgewichtsbedingungen erhaltenen Proben. Die Abb. 37 und 38 zeigen zusätzlich noch die Möglichkeit, daß eine an MgO- und 2MgO · SiO_2-Kristallen gesättigte Schmelze nicht glasig, sondern sehr feinkristallin erstarrt. In einem solchen Fall kann die Elektronenstrahl-Mikroanalyse noch gerade zur Bestimmung der Zusammensetzung der Matrix herangezogen werden, weil sie zwischen einer homogenen

Tabelle 8. *(Fortsetzung)*

Analysierte Zusammensetzung in Gewichtsprozenten								
MgO			CaO			SiO_2		
$\overline{X}$	S	V	$\overline{X}$	S	V	$\overline{X}$	S	V
–	–	–	51,4	0,3	0,6	48,8	0,4	0,8
–	–	–	53,9	0,3	0,6	44,1	0,3	0,7
–	–	–	53,1	0,2	0,5	44,9	0,6	1,5
–	–	–	55,4	–	–	44,4	–	–
–	–	–	34,7	1,2	3,5	64,5	0,6	1,2
–	–	–	33,7	0,8	3,8	62,4	1,0	1,6
–	–	–	0,3	0,08	10,0	nb	nb	nb
–	–	–	29,0	0,3	0,9	69,3	0,7	1,0
–	–	–	35,5	–	–	64,3	–	–
39,8	1,4	3,6	–	–	–	66,5	4,1	6,2
38,4	–	–	–	–	–	62,2	–	–
42,9	1,0	2,3	–	–	–	57,1	1,1	1,9
nb	nb	nb	5,8	0,15	2,6	54,4	0,1	0,2
nb	nb	nb	9,9	0,2	2,0	50,6	0,8	1,5
nb	nb	nb	0,3	0,05	17,0	nb	nb	nb
32,3	0,9	3,0	19,4	0,3	2,0	47,5	0,8	2,0
nb	nb	nb	1,2	0,1	10,0	nb	nb	nb
25,5	0,3	1,3	32,5	0,6	1,9	43,2	0,7	1,5
nb	nb	nb	0,5	0,08	16,0	0,5	0,1	20,0
nb	nb	nb	5,7	0,25	0,4	nb	nb	nb
31,5	1,1	3,4	29,2	0,6	2,0	43,4	0,9	2,0
nb	nb	nb	0,8	0,03	3,0	0,9	0,1	10,0
nb	nb	nb	3,9	0,2	5,0	nb	nb	nb
31,4	0,5	1,6	29,8	0,19	0,6	42,8	0,07	0,2
32,7	6,8	20,7	27,6	0,7	2,5	41,2	0,4	1,0
23,1	0,4	2,0	36,8	0,3	1,0	43,1	0,4	1,0
nb	nb	nb	1,2	0,1	10,0	1,5	0,3	20,0
19,2	0,4	2,0	39,8	1,0	2,5	40,7	0,5	1,0
nb	nb	nb	2,0	0,05	3,0	1,6	0,2	10,0
8,4	0,1	1,0	nb	nb	nb	nb	nb	nb
11,5	0,6	4,8	49,0	1,6	3,2	40,2	1,0	2,5
3,8	0,2	4,4	nb	nb	nb	nb	nb	nb

deutlich vor der Liquiduslinie im homogen flüssigen Bereich.

$\overline{X}$ = Mittelwert, S = Standardabweichung, V = Varianz.

Glasphase und einem derart feinkristallinen Gefüge keinen Unterschied wahrnehmen kann.

Die eingetragenen und in der Legende der Abb. 34 im einzelnen ausgewiesenen Werte beschreiben im größten Teil des Systems die angegebenen Löslichkeitslinien mit ausreichender Genauigkeit. Dabei ist besonders darauf aufmerksam zu machen, mit wie wenig Versuchen auch der Verlauf der eutektischen Linie a—b in Abb. 34 in dem hier untersuchten Temperaturbereich angegeben werden kann. Andererseits ist jedoch auch darauf hinzuweisen, daß die Ergebnisse im Bereich des Konodendreiecks Schmelze–Magnesiumoxidmischkristall–Dicalciumsilikatmischkristall zur Beschreibung des für 1600° C geltenden eutektischen Punktes auf der Linie *c*—*d* nicht befriedigen. Nach einer Reihe von hier nicht näher ausgewiesenen

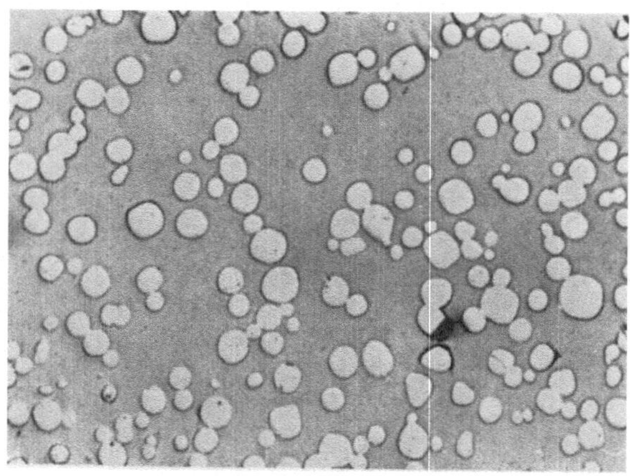

Abb. 35. Gefügebild aus dem System CaO-MgO-SiO_2, Glasphase und MgO-Kristalle (Vergr. 200×)

Versuchen kann als Erklärung gesagt werden, daß es in diesem Fall nicht gelungen ist, die gesamte Schmelze glasig oder äußerst feinkristallin erstarrt zu erhalten. Der schmelzflüssige Anteil der Probe kristallisiert vielmehr unter grober Ausscheidung der sättigenden Phasen, wobei sich seine Zusammensetzung entlang der

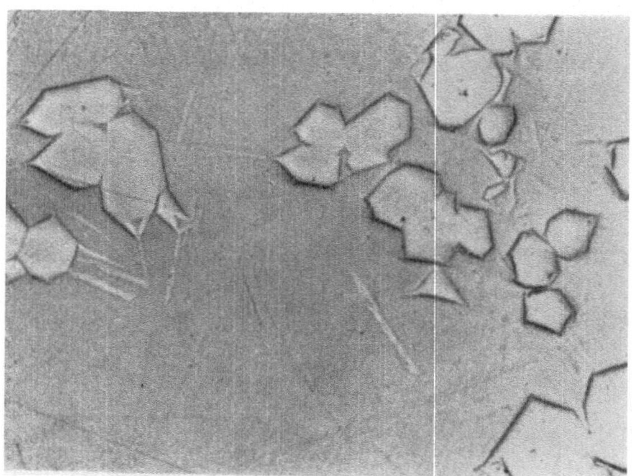

Abb. 36. Gefügebild aus dem System CaO-MgO-SiO_2, Glasphase und M_2S-Kristalle (Vergr. 200×)

eutektischen Rinne *v*—*d* verändert. Die dem Elektronenstrahl-Mikroanalysator zugeführte Probe kennzeichnet hier also einen nicht näher festzulegenden Zustand unterhalb 1600° C, der lediglich einen vagen Hinweis auf den Richtungsverlauf der eutektischen Rinne gestattet. Es wird daher ähnlich wie bei der Quenching-

Methode immer von Fall zu Fall zu prüfen sein, inwieweit das zu untersuchende System eine Unterkühlung seiner Schmelzen zuläßt.

Schließlich muß hier im Zusammenhang mit der Ermittlung der in Tab. 8 angegebenen Werte auch noch kurz eingegangen werden auf die gegenüber einer naß-

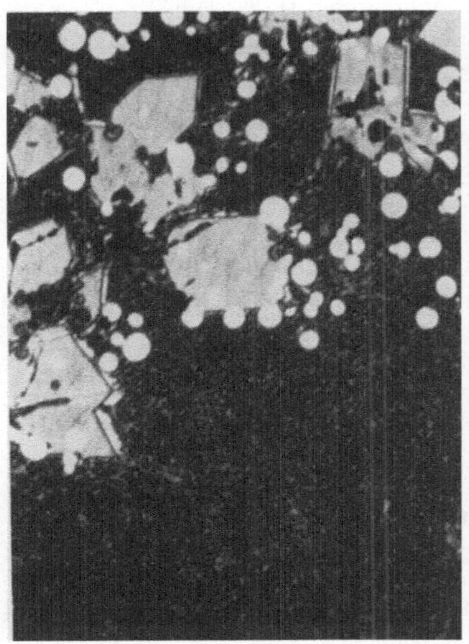

Abb. 37. MgO- und M_2S-Kristalle mit feinkristalliner Matrix mit Flußsäuredampf geätzt (Vergr. 140×)

Abb. 38. MgO- und M_2S-Kristalle mit feinkristalliner Matrix mit alkoholischer Flußsäure geätzt (Vergr. 120×)

chemischen Analyse der Proben besonderen Kennzeichen der Elektronenstrahl-Mikroanalysentechnik. Für die quantitative Auswertung der Analysenergebnisse wurde CaO · MgO · SiO_2 als Standardprobe gewählt und die so erhaltenen Ergebnisse nach PHILIBERT [9] korrigiert. Da der Vergleich von gemessenen und nach

Tabelle 8a. *Anwendung der Absorptionskorrektur nach Philibert [8, 9] im System* MgO-CaO-SiO_2

Probe: CMS	Standard	Intensitätsverhältnis gem.	Intensitätsverhältnis berechn.
CaO	2CaO · SiO_2	32,3	34,4
SiO_2	2CaO · SiO_2	31,5	32,1
MgO	2MgO · SiO_2	19,7	19,3

PHILIBERT berechneten Intensitätsverhältnissen für die CaO-, MgO- und SiO_2-Gehalte des Monticellits unter Verwendung von 2CaO · SiO_2 bzw. 2MgO · SiO_2 als Bezugspunkte relativ gute Übereinstimmung brachte (Tab. 8a), ist dieses Korrekturverfahren bei allen Meßergebnissen angewendet worden.

Literatur

1. Adda, Y., M. Beyerler, A. Kirianeuko, and F. Maurice: Mem. Sci. Met. **58**, 716 (1961).
2. Muan, A., and E. F. Osborn: Phase Equilibria among oxides in steelmaking. Addison-Wesley Publ. Comp. Reading (Massachusetts), 1965.
3. Obst, K. H.: Tonindustrie-Zeitung **90**, 411 (1966).
4. Obst, K. H., und H. Chr. Horn: Mikrochimica Acta, Suppl. II, 284 (1967).
5. Obst, K. H., J. Stradtmann, und H. Chr. Horn: Mikrochimica Acta, Suppl. III, 140 (1968).
6. Obst, K. H., H. Chr. Horn, und J. Stradtmann: Mikrochimica Acta, Suppl. III, 147 (1968).
7. Obst, K. H., und W. Fix: Archiv Eisenhüttenwesen **41**, 703 (1970).
8. Philibert, J.: J. Inst. Met. with Bull. Met. Abstr., London. **90**, 241 (1961—1962).
9. Philibert, J.: Métaux (Corr. et Ind.) **465**, 157 (1964).
10. Rankin, G. A., and F. E. Wright: Am. J. **22**, 265 (1906).
11. Swindells, N.: J. Inst. Met. with Bull. Met. Abstr., London. **90**, 167 (1961—1962).
12. Trömel, G., K. Koch, W. Fix und N. Grosskurth: Archiv Eisenhüttenwesen **40**, 969 (1969).
13. Trömel, G., W. Fix und R. Heinke: Tonindustrie-Zeitung **93**, 1 (1969).

5.2. Untersuchungen an oxidischen Zweistoffsystemen

Das System CaO-FeO_n wurde im Zusammenhang mit dem Problem der Kalkauflösung in Stahlwerksschlacken von K. H. Obst, J. Stradtmann und H. Chr. Horn erstmals mit Hilfe der ESMA 1968 [4] untersucht. Dabei interessierte besonders die kalkreiche Seite oberhalb der eutektischen Temperatur (siehe Abb. 39). Weiter ist es wichtig zu wissen, ob sich diese Mischkristalle, die mikroskopisch stets gefunden werden, bis zur Sättigung oder nur teilweise ausbilden, bevor das CaO in die flüssige Phase übertritt.

Lommel und Chalmers [3] haben an Metallen mit gleichem Typ des Zustandsdiagramms — wie das System CaO-FeO_n — gezeigt, daß die Sättigung des Mischkristalls keine notwendige Bedingung für den isothermen Transport von der festen zur flüssigen Phase ist, sondern daß schon vorher eine Auflösung erfolgen kann.

Da bei der Kalkauflösung die Reaktionssäume mikroskopisch schon bei geringer Vergrößerung beobachtet werden, sollte die Messung von Konzentrationsprofilen mit dem Elektronenstrahl-Mikroanalysator und der Vergleich mit den Ergebnissen im System FeO_n-CaO Antwort auf die Frage geben, wie der Kalk in Lösung geht.

Die Messungen mit dem Elektronenstrahl-Mikroanalysator wurden in der gleichen Weise wie die Untersuchungen im Zustandsdiagramm FeO_n-CaO unter Anwendung des „gezielten Linienscannings" durchgeführt. Als Standard wurden Schmelzkalk und Eisen(II)oxid verwendet, die auch als Versuchsmaterialien zur Anwendung gelangten.

Eine Vielzahl von Messungen ergab immer wieder das gleiche Konzentrationsprofil, wie es in Abb. 40 dargestellt ist. Man erkennt daraus, daß Calciumoxid Eisen(II)oxid in den Mischkristall aufnimmt. Bei ca. 9% FeO_n knickt die Konzentrationskurve ab, da jetzt der Übergang in die bei Versuchstemperatur flüssige Phase erfolgt. Da dieser Wert mit der Sättigung des Mischkristalls im System

FeO_n-CaO gut übereinstimmt, folgt daraus, daß sich bei der Kalkauflösung der (Ca, Fe)O-Mischkristall bis zur Sättigung ausbildet und erst nach deren Überschreiten CaO in die flüssige Phase übergeht.

Abb. 39 zeigt das nach weiteren Messungen [5] verbesserte Zustandsdiagramm besonders für die Soliduslinie.

Die Werte für die Soliduslinie wurden teilweise an Primärkristallen, teilweise an der Reaktionsschicht Schlacke/Kalk gefunden. Man erkennt, daß mit sinkender Temperatur die Löslichkeit von FeO_n in CaO zunimmt. Sie steigt von 6,1% bei

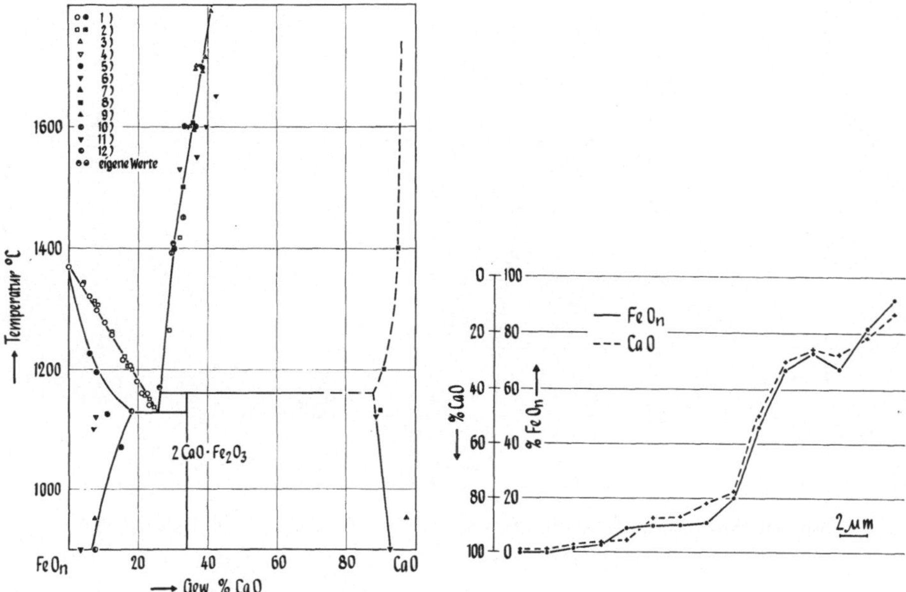

Abb. 39. Zustandsdiagramm CaO-FeO_n

Abb. 40. Konzentrationsprofil am Phasenübergang Kalk/FeO_n-Schlacke

1700° C auf 11,9% bei der peritektischen Temperatur von 1160° C an. Damit ist die Mischkristallbildung auf der kalkreichen Seite des Systems CaO-FeO_n experimentell vollständig von 1160 bis 1700° C bestimmt worden.

Während die maximale Löslichkeit von FeO_n in CaO mit dem von Cirilli und Burdese [2] angegebenen Wert gut übereinstimmt — von der zugehörigen Temperatur einmal abgesehen, da diese Verfasser kein Peritektikum angeben —, liegen die für den Bereich oberhalb der peritektischen Temperatur gemessenen Werte merklich über den von Allen und Snow [1] auf Grund röntgenographischer Daten geschätzten.

Bei zwei Proben wurde auch die Zusammensetzung der erstarrten, gesättigten Schlacke untersucht und in das System FeO_n-CaO eingezeichnet, wodurch sich zwei Konoden ergeben. Die für die Liquiduslinie gefundenen Werte stimmen mit den bisherigen Angaben überein. Allerdings wurde die Zusammensetzung der gesättigten Schlacke noch nach herkömmlichem Verfahren analytisch bestimmt, da die eisen(II)oxidreichen Schlacken zum Disproportionieren neigen.

Gleichartige Versuche wie mit Schmelzkalk wurden auch mit Schmelzmagnesit durchgeführt.

Die Auflösung von MgO in FeO_n ist einer der Gründe für die Verschlackung von magnesitischen und dolomitischen Ausmauerungen in Frischgefäßen bei der Stahlherstellung. Da die Mischkristallbildung im festen Zustand im System FeO_n-MgO vollständig, also erheblich ausgeprägter als im System FeO_n-CaO ist, muß sich in diesem Fall noch klarer zeigen, wie weit die Bildung von Magnesiowüstitmischkristallen der eigentlichen Auflösung von MgO vorausgeht.

Das Konzentrationsprofil des MgO als Ergebnis der Versuche zeigt Abb. 41.

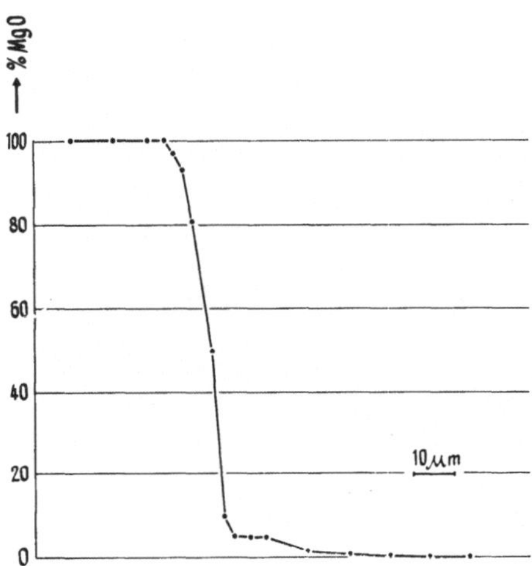

Abb. 41. Konzentrationsprofil am Phasenübergang Magnesia/FeO_n-Schlacke

Der MgO-Gehalt des Periklasmischkristalls (Magnesiowüstit) nimmt auf ca. 6% ab, der FeO_n-Gehalt also auf 94% zu, bevor der Übergang in die bei Versuchstemperatur flüssige Phase erfolgt, und stimmt mit der Grenze des festen Gebietes im System FeO_n-MgO überein, das von SCHENCK und PFAFF [8] untersucht wurde. Daraus ergibt sich, daß auch der Auflösung von MgO in Eisen(II)oxid eine Mischkristallbildung bis zur Sättigung vorausgeht.

5.2.1. System CaO-SrO

Für das Sinterdolomitproblem ist der Einfluß der Mischkristallbildung, insbesondere von Zusätzen, auf die technischen Eigenschaften von besonderem Interesse. Bereits TROJER [9] vermutete, daß im SrO das Sr^{2+} teilweise durch Ca^{2+} ersetzt werden kann und schließt auf größere Löslichkeitsbereiche zwischen CaO und SrO. Im Rahmen der Verbesserung der Hydratationsbeständigkeit von Sinterdolomit werden in einem Patent [7] SrO-Zusätze von 1 bis 5% zum Sinterdolomit empfohlen.

Die Ähnlichkeit des Gittertyps O_h^5 (Steinsalztyp) von CaO und SrO und die geringe Differenz zwischen der Elementarzellenkante a_0 von 0,35 Å läßt eine Reaktion im festen Zustand erwarten.

Mit Hilfe der Röntgenbeugung, Auflichtmikroskopie und der ESMA konnte (1968) von K. H. Obst und W. Münchberg [6] gezeigt werden, daß zwischen CaO und SrO eine vollkommene Mischkristallbildung vorliegt. Die um 1300° C gebildeten Mischkristalle sind auch bei Raumtemperatur existent. Die Untersuchungen wurden an Mischungen vorgenommen, die aus p.a. Karbonaten bei

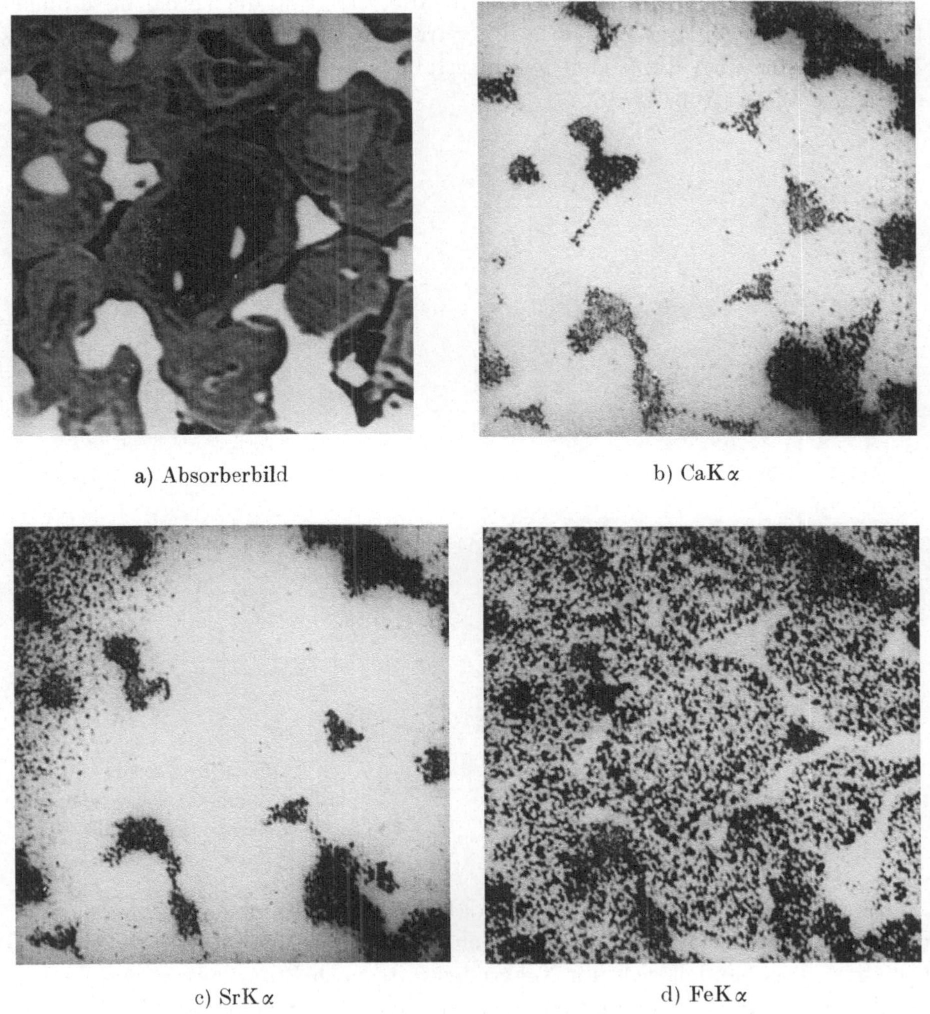

a) Absorberbild b) CaKα c) SrKα d) FeKα

Abb. 42. Elementspezifische Flächenscanningbilder eines (Ca, Sr)O-Mischkristalls (abgetastete Fläche 170 × 170 mμ^2)

1500° C in oxidierender Atmosphäre gebrannt waren. Zur Erleichterung des Sinterns und zur besseren Kristallitausbildung wurden ca. 2% Fe_2O_3 beigemengt.

Die im Auflicht mikroskopierten Sinterproben wurden mittels elementspezifischen Flächenscannings sowie quantitativer Punktmessungen auf ihre Elementverteilung untersucht. Abb. 42 zeigt die entsprechende Serie für die CaO/SrO-

Mischung. Die CaKα- und SrKα-Bilder sind fast identisch und deuten weitgehend auf die Mischkristallbildung beider Komponenten hin. Das Fe liegt hauptsächlich an den Korngrenzen vor; eine gewisse Menge ist homogen in den Mischkristall diffundiert. Sehr deutlich ist im Elektronenabsorberbild der Zonarbau sichtbar. Der helle Saum im Positivbild läßt auf eine Anreicherung eines leichteren Elements schließen.

Im benachbarten Korn (rechts oben in Abb. 42a) sind die Verhältnisse umgekehrt. Um eine Erklärung für diesen Zonaraufbau zu finden, wurde ein gezieltes Linienscanning über die beiden Mischkristalle entlang der eingezeichneten Meßstrecke gefahren (Abb. 43a).

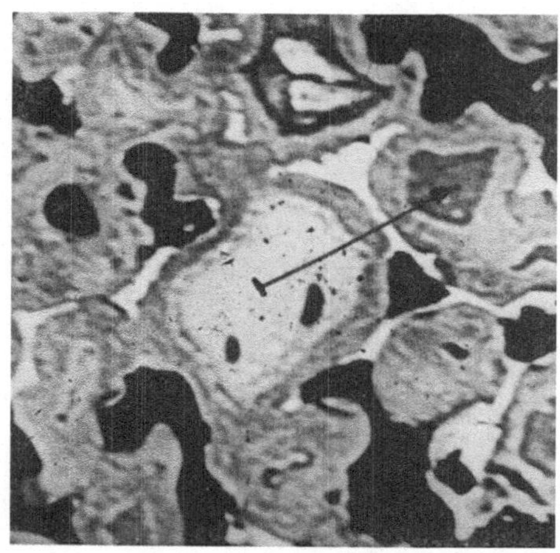

Abb. 43a. Negatives Absorberbild eines (Ca, Sr)O-Mischkristalls mit eingezeichneter Meßspur für gezieltes Linienscanning

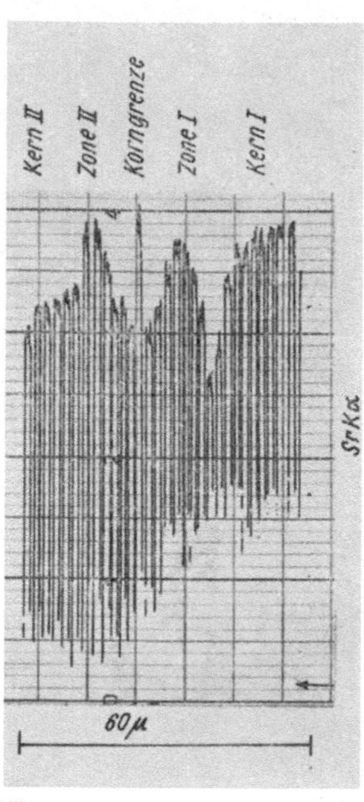

Abb. 43b. Gezieltes Linienscanning für SrKα entlang der Meßstrecke (s. Abb. 43a)

Die Sr-Impulse in Abb. 43b zeigen, daß der helle Kern einer Sr-Anreicherung, der dunkle Saum einer Sr-Verarmung entspricht. Die Messung des Sr- und Ca-Gehaltes — es handelt sich um Näherungswerte nach PHILIBERT wegen Fehlens geeigneter Standards — ergab für den Kern 55 bis 57% SrO und 40 bis 45% CaO, für den Saum 45 bis 54% SrO und 45 bis 50% CaO. Beim kleineren Korn ist der Saum im SrO-Gehalt gleich, sein Kern ist jedoch noch SrO-ärmer. Bei der Entstehung der CaO-SrO-Mischkristalle treten demnach als Zwischenphasen zonare Unterschiede auf.

Literatur

1. ALLEN, W. C., and R. B. SNOW: Journ. Amer. Ceram. Soc. **38**, 264 (1955).
2. CIRILLI, V., and A. BURDESE: Proceedings of the International Symposium on the Reactivity of Solids, Part 2, Gothenburg, 867 (1954).

3. LOMMEL, J. M., and B. CHALMERS: Trans. Metallurg. Soc. AIME **215**, 499 (1959).
4. OBST, K. H., J. STRADTMANN, und H. CHR. HORN: Mikrochimica Acta Suppl. III, 140 (1968).
5. OBST, K. H., H. CHR. HORN und J. STRADTMANN: Mikrochimica Acta Suppl. III, 147 (1968).
6. OBST, K. H., und W. MÜNCHBERG: Tonindustrie-Zeitung **92**, 201 (1968).
7. POWERS, H. W., and CH. H. RUSSEL: U.S.A. Patent 3271172 vom 6. 9. 1966.
8. SCHENCK, H., und W. PFAFF: Archiv Eisenhüttenwesen **32**, 741 (1961).
9. TROJER, F.: Die oxidischen Kristallphasen der anorgan. Industrieprodukte. 47. Stuttgart: Schweizerbart'sche Verlagsbuchhandlung. 1963.

6. Die feuerfesten Stoffe und ihr chemischer Aufbau

Die Einteilung der feuerfesten Stoffe wurde auf Grund ihrer chemischen Zusammensetzung nach HARDERS und KIENOW [1] vorgenommen. Ergänzt wurden lediglich Dolomit-Magnesit-Mischsteine und feuerfeste Kalksteine. Hinter jeder Gruppe sind die oxidischen Hauptanteile angegeben. Weitere Einzelheiten sind aus den Handbüchern der Feuerfestkunde zu entnehmen.

I. Saure Gruppe	
a) Silikasteine	SiO_2
b) Tonerdesilikatsteine	SiO_2 und Al_2O_3
c) tonerdereiche Steine	Al_2O_3
II. Chemisch neutrale Gruppe	
a) Forsteritsteine	MgO und SiO_2
b) Chromerzsteine	$FeO \cdot Cr_2O_3$ und MgO
III. Basische Gruppe	
a) Chrommagnesiasteine	$FeO \cdot Cr_2O_3$ und MgO
b) Magnesiachromsteine	MgO und $FeO \cdot Cr_2O_3$
c) Magnesiasteine (Magnesitsteine)	MgO
d) Dolomitsteine	CaO und MgO
e) stabilisierte Dolomitsteine	MgO und Ca-Silikate
f) Dolomit-Magnesit-Mischsteine	MgO und CaO
g) feuerfeste Kalksteine (Sinterkalk, Kristallkalk)	CaO
IV. Sonstige oxidische Gruppe	
Zirkonsteine	$ZrSiO_4$
V. Kohlenstoffhaltige Gruppe	
a) Kohlenstoffsteine	C
b) Graphitschamottesteine	C und Al_2O_3 und SiO_2
c) Siliciumkarbid	SiC

Bei den Anwendungsbeispielen der ESMA haben wir uns im wesentlichen auf die basische Gruppe beschränkt, da deren Bedeutung für die modernen Stahlherstellungsverfahren sowie für die Zement- und Kalkherstellung laufend zunimmt.

Selbstverständlich lassen sich die hier gewonnenen Erkenntnisse prinzipiell auch auf die sauren und neutralen feuerfesten Stoffe übertragen.

Literatur

1. HARDERS, F., und S. KIENOW: Feuerfestkunde. Berlin-Göttingen-Heidelberg: Springer-Verlag. 1960.

6.1. Produkte aus Sinterdolomit

6.1.1. Vor ihrem Einsatz

Bei der heutigen Stahlerzeugung spielen Produkte aus Sinterdolomit in gebrannter und teergebundener Form eine entscheidende Rolle. Dieses hochfeuerfeste Produkt besteht zu 38% aus MgO, zu 58% aus CaO und zu 4% aus Calciumsilikaten und Calciumferriten.

Damit gilt im wesentlichen das Zweistoffsystem CaO-MgO.

Während RANKIN und MERVIN (1916) [6] ein rein eutektisches System ohne Mischbarkeit entwarfen, berichteten (1963) DOMAN *et al.* [2], daß bei 2300° C 17% MgO in CaO und 8% CaO im MgO gelöst sind.

OBST erweiterte 1966 [5] diese Aussagen auf das Gebiet der technischen Sinterdolomite, indem er neben der Röntgenbeugung besonders die ESMA für dieses Problem einsetzte. Zur Untersuchung gelangten sowohl technische als auch synthetische Sinter, die unterschiedlichen Abkühlungsbedingungen unterworfen wurden.

Mit Hilfe von Punktmessungen (1. Näherung nach CASTAING) und unter Verwendung von reinstem Kristallkalk bzw. Schmelzmagnesia als Standard konnte für abgeschreckten Drehrohrofensinter eine steigende Mischbarkeit für CaO in MgO und umgekehrt im Temperaturbereich von 1500 bis 1900° C festgestellt werden (Tab. 9).

Tabelle 9. *Temperaturabhängigkeit der Mischbarkeit bei technischem Sinterdolomit*

Temperatur [°C]	% CaO in MgO		% MgO in CaO	
	1. Näherung	korrigierte Werte	1. Näherung	korrigierte Werte
1500	1,2	1,4	1,8	2,7
1600	1,5	1,7	1,7	2,5
1700	1,9	2,1	2,7	3,9
1800	2,3	2,5	3,9	5,7
1900	3,5	3,8	5,1	7,2

Beim technischen Sinter, der normal im Ofenaustrag gekühlt wurde, ergaben quantitative Punktmessungen, die anschließend in ein Koordinatensystem eingetragen wurden, sowie Messungen nach der Schablonenmethode, daß etwa 1% CaO im MgO und 2% MgO im CaO gelöst sind: die Mischbarkeit geht nicht auf Null zurück (Abb. 44).

Vergleichende Untersuchungen wurden an vier Dolomitsintertypen durchgeführt (Tab. 10), wobei sich zeigte, daß je nach den Abkühlungsbedingungen unterschiedliche Werte auftreten können.

6.1.2. Nach ihrem Einsatz

Als erster untersuchte M. ARMBRUSTER [1] die verschlackte Zone eines gestampften Dolomitfutters aus einem OLP-Konverter. Er bestimmte die Verteilung der Elemente Ca, Mg, Fe, Si und P. Die erzielten Ergebnisse entsprachen den unter dem Auflichtmikroskop ermittelten Phasen:

Anschliffmikroskopie	ESMA
Auftreten von Periklas und Calciumoxidkristalliten, in denen FeO gelöst ist	Mg und Ca schließen sich gegenseitig aus
Auftreten von Ca-Silikophosphat (C_7PS_2)	Si und P sind eng miteinander verbunden
Auftreten von Dicalciumferrit (C_2F) Magnesiumferrit (MF)	Fe ist in den Silikophosphaten nicht enthalten und auf die CaO- und MgO-Körner und die Schmelzphase (hier stärker) verteilt

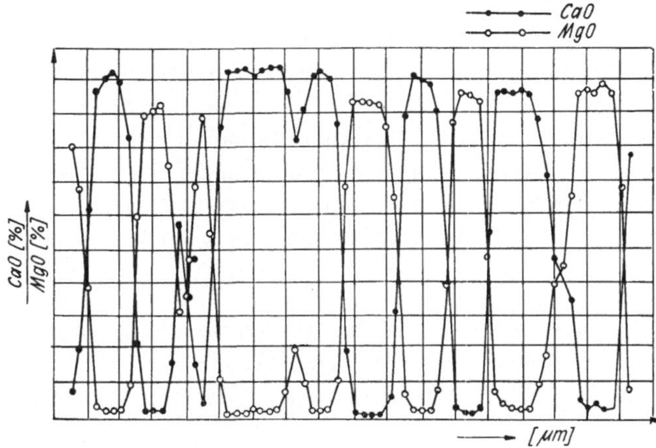

Abb. 44. Quantitative Punktmessungen an Drehrohrofensinterdolomit, der durch Ofenaustrag abgekühlt wurde

Tabelle 10. *Technische Sinterdolomite und ihre Mischbarkeit*

	CaO in MgO $\bar{X}$ (%)	S	V (%)	MgO in CaO $\bar{X}$ (%)	S	V (%)
	Messungen: mit Schablone					
Synthetischer Sinterdolomit	1,7	0,34	20	2,9	0,8	27,5
Haldener Drehofen-Sinterdolomit	1,0	0,08	7,6	1,7	0,4	23,6
Amerikanischer Sinterdolomit	1,0	0,25	25	1,9	0,18	9,5
Belgischer Schachtofen-Sinterdolomit	0,64	0,025	39	1,3	0,28	21,6
	Messungen: mechanisches Linienscanning					
Synthetischer Sinterdolomit	1,0	0,1	10	1,9	0,1	5,3
Haldener Drehofen-Sinterdolomit						
Amerikanischer Sinterdolomit						
Belgischer Schachtofen-Sinterdolomit	1,7	0,09	5	1,5	0,18	12

$\bar{X}$ % = Mittelwert; S = Standardabweichung; V % = Varianz

Armbruster schließt daraus, daß das MgO der Verschlackung einen höheren Widerstand entgegensetzen muß als das CaO des Dolomitkorns.

Treffner [7] setzte die ESMA besonders für die Untersuchung der mengenmäßig geringeren Bestandteile aus Verschlackungszonen von Dolomitsteinen in Aufblaskonvertern ein. Die Hauptbestandteile bestimmte er durch Mikroskopie und Röntgenbeugung.

Neben dem elementspezifischen Flächenscanning von Mg, Fe, Al, Si, Ca, P, Mn wurde zur Verteilung des Ca und Si ein elektronisches Linienscanning mit folgenden Ergebnissen gefahren:

1. ein Teil des Eisens kommt im MgO (Magnesiumferrit) vor;
2. ein anderer ist in der Brownmilleritphase (C_4AF) vorhanden;
3. das Dicalciumsilikat ist mit Magnesiumferrit verwachsen, beim Tricalciumsilikat fehlen solche Ausscheidungen von MF;
4. ein Linienscan von Ca und Si läßt Rückschlüsse auf die quantitative Zusammensetzung C_2S-C_3S zu (Abb. 45);

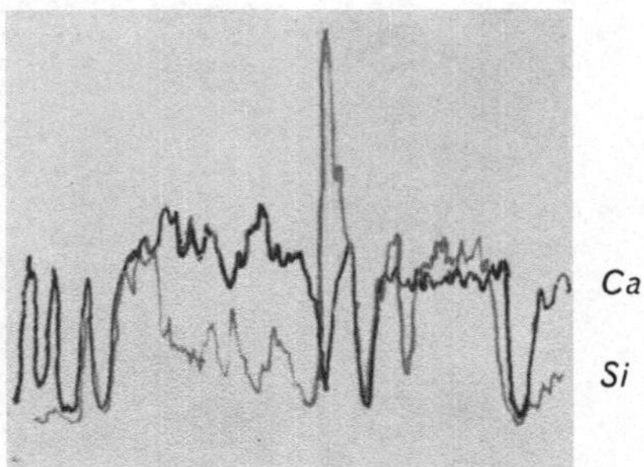

Abb. 45. Elektronisches Linienscan von Ca und Si bei Silikatphasen aus verschlacktem Sinterdolomit

5. Phosphor tritt in großen Dicalciumsilikatphasen nicht auf, seine Phase ist dagegen mit Brownmillerit verwachsen;
6. Eisen- und Manganoxid sind in erheblichen Mengen im Periklas enthalten, im Brownmillerit ist das Eisen/Mangan-Verhältnis zuungunsten des Mn verschoben.

Weiterhin wurden an einigen Stellen Punktmessungen durchgeführt, die ergaben, daß der Phosphor in Mehrzahl der Fälle als Calciumphosphat vorlag. Offenbleibt, ob in einzelnen Fällen nachgewiesene Si-Strahlung auf ein Ca-Silikat-Phosphat zurückzuführen ist oder aus den benachbarten Silikaten stammt.

Treffner schließt aus diesen Ergebnissen, daß es sich bei der Wanderung der Flußmittelkomponenten nicht um ein reines Wandern von Schmelzen und Differenzieren nach den Ausscheidungsbedingungen handelt, sondern auch um selektive Diffusionsvorgänge, die darauf hinweisen, daß die in geringeren Mengen vorhandenen Elemente den Verschlackungsvorgang beeinflussen können.

De Keyser *et al.* untersuchten 1968 [3] keramisch und teergebundene Dolomitsteine vor und nach ihrer Laborverschlackung durch LDAC-Schlacke. Das Flächenscanning auf Ca und Mg bei Steinen im Anlieferungszustand bestätigte

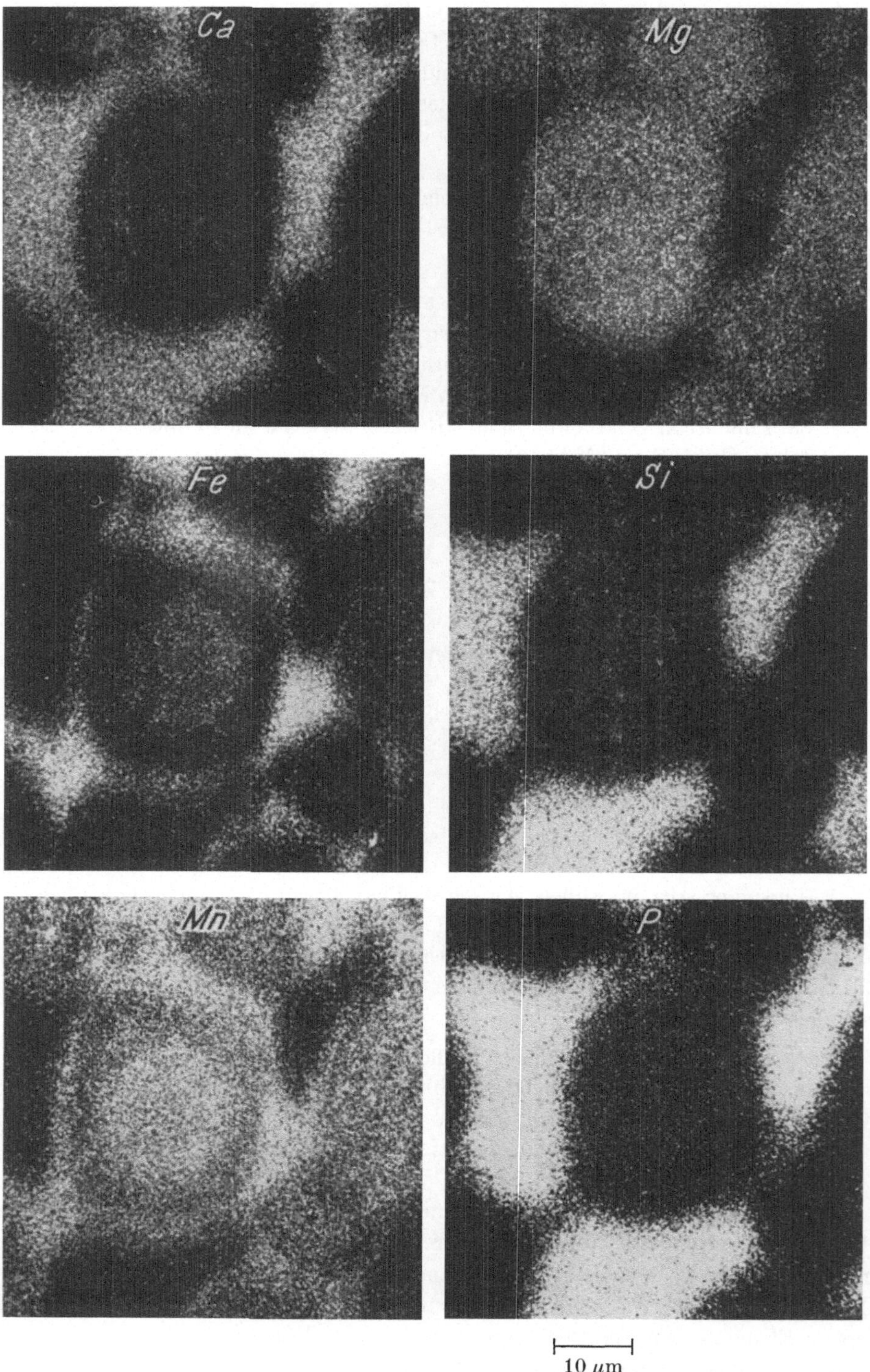

Abb. 46. Elementspezifisches Flächenscanning eines mit LDAC-Schlacke verschlackten Teerdolomitsteines

den lichtmikroskopischen Befund des Nebeneinandervorliegens von Periklas (MgO) und Calciumoxid (CaO) nach dem Sinterprozeß.

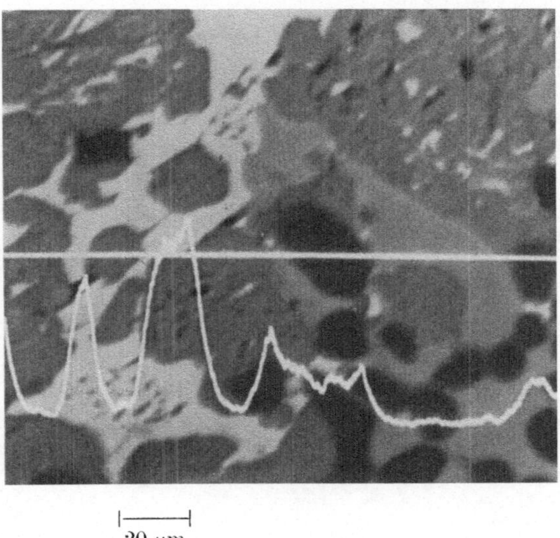

20 μm

Abb. 47. Kompositionsbild mit Fe-Linie der Infiltrationszone eines Teerdolomitsteines aus LDAC-Konverter

Die Laborverschlackung wurde an keramisch gebundenen Dolomitsteinwürfeln von 20 mm Kantenlänge mit LDAC-Schlacke (bei 1550° C, 45 Minuten) durchge-

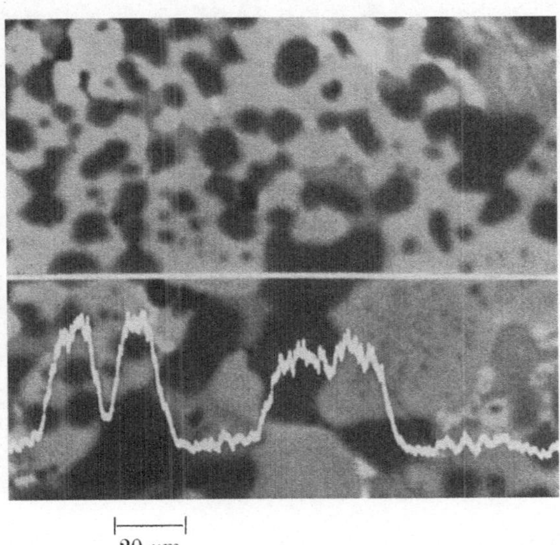

20 μm

Abb. 48. Kompositionsbild mit Fe-Linie der nicht infiltrierten Steinmitte (Teerdolomitstein aus LDAC-Konverter)

führt. Dabei bildeten sich unterschiedlich gefärbte Zonen aus, die mit Hilfe von Flächenscanning untersucht wurden. In der äußeren verschlackten Zone wurden folgende Phasen bestimmt: Periklas mit einem Gehalt an Fe und Mn, Nagelschmidtit (C_7S_2P) und Dicalciumferrit (C_2F). Das Mn findet sich ebenfalls in der Dicalciumferritphase (Abb. 46).

Ganz ähnliche Verhältnisse wurden an Verschlackungszonen von Teerdolomitsteinen gefunden, die aus der Hauptverschleißzone eines LDAC-Konverters

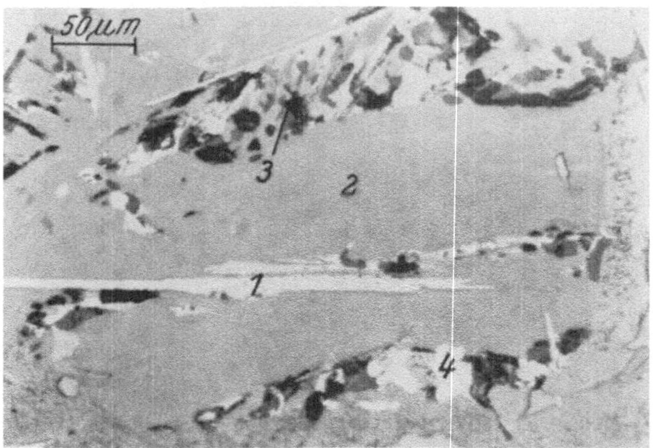

Abb. 49. Auflichtmikroskopisches Bild eines verschlackten, keramisch gebundenen Sinterdolomitsteines aus der Wand eines Lichtbogenofens

stammten [4]. Die eindringenden Schlackenkomponenten, im wesentlichen das SiO_2, CaO, P_2O_5 und Fe_2O_3, reagieren mit dem CaO des Sinterdolomits zu

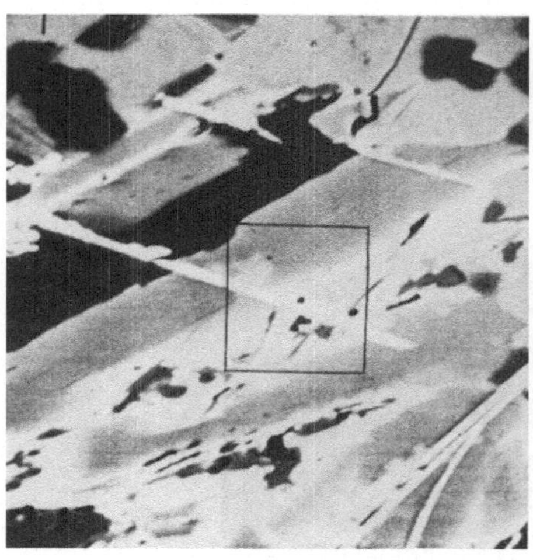

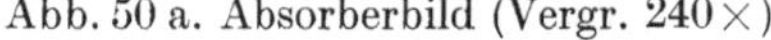

Abb. 50 a. Absorberbild (Vergr. 240×)

Abb. 50 b. Absorberbild (Vergr. 960×)

Dicalciumferrit und Calciumsilikophosphaten. Der Periklas bleibt bis auf eine Eisenoxidaufnahme unverändert und wird später mit der Schlacke ausgeschwemmt.

Die unterschiedliche Eisenoxidaufnahme in den vorderen und hinteren Infiltrationszonen eines getemperten Teerdolomitsteins, ebenfalls aus einem LDAC-Konverter, demonstriert Abb. 47 mit Hilfe des elektronischen Linienscannings.

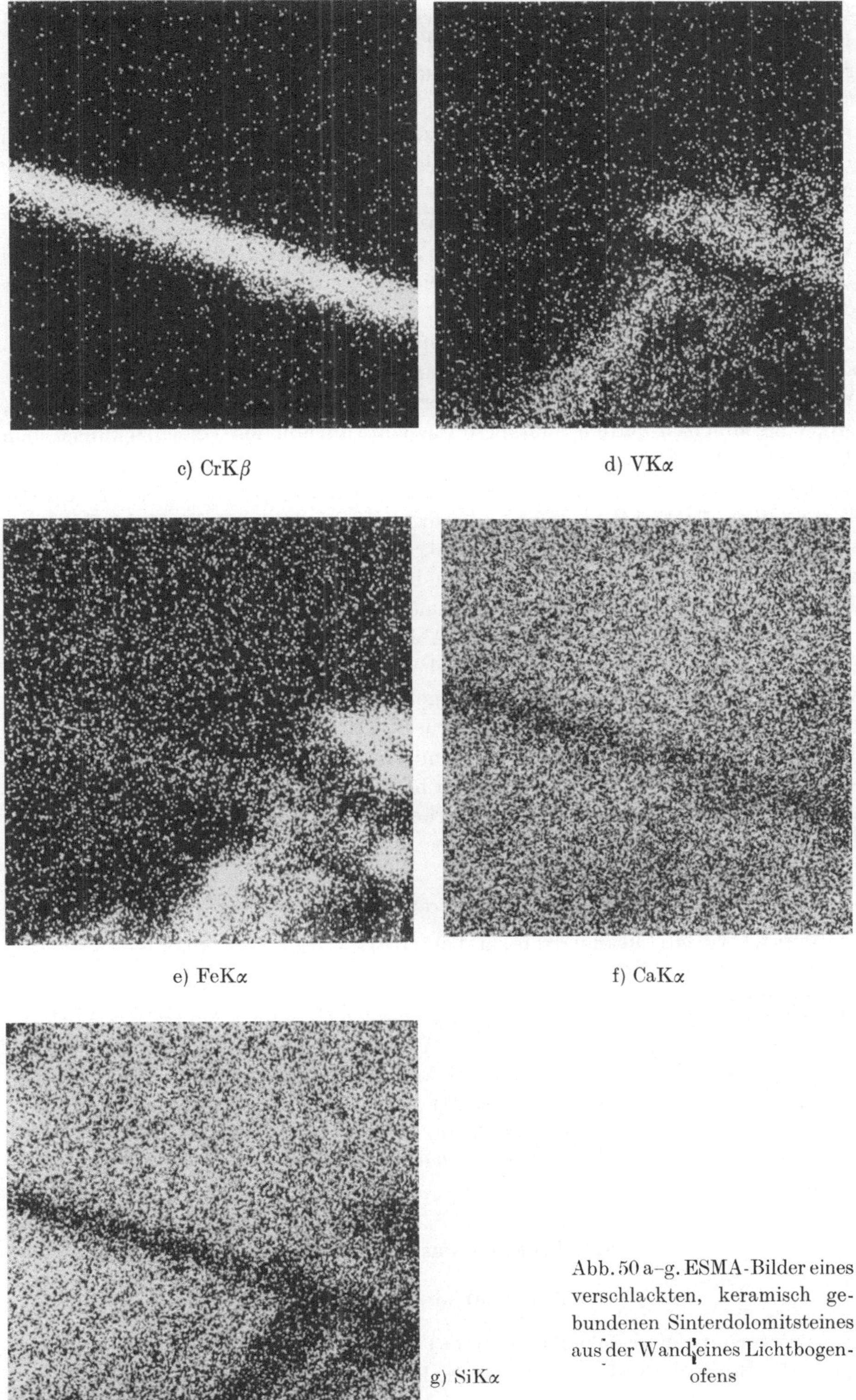

c) CrKβ

d) VKα

e) FeKα

f) CaKα

g) SiKα

Abb. 50 a–g. ESMA-Bilder eines verschlackten, keramisch gebundenen Sinterdolomitsteines aus der Wand eines Lichtbogenofens

An der stärker infiltrierten Feuerseite ist zunächst ein deutliches Ansteigen der Fe-Konzentration bei Durchgang durch die ferritische Phase zu verzeichnen. Einen relativ schwächeren, aber sichtbaren Anstieg zeigen auch die Periklaskristalle; die Calciumoxidphase ist dagegen eisenoxidfrei. In der nur schwach infiltrierten Kornmitte beobachtet man ebenfalls einen Fe-Konzentrationsanstieg in den Periklaskristallen, während beim Calciumoxid die Fe-Linie bis zum relativen Nullpunkt sinkt (Abb. 48).

Das Verhalten gegenüber Eisenoxid ist also beim MgO und CaO verschieden: Während das MgO das Eisenoxid in fester Lösung aufnimmt, reagiert das CaO am Kontakt direkt mit dem Fe_2O_3 zu Dicalciumferrit. Das gilt allerdings nur für oxidierende Verhältnisse.

Neben dem Aufblaskonverter bestehen für den keramisch gebundenen Dolomitstein auch Einsatzmöglichkeiten im Wandteil und Deckel von Lichtbogenöfen. Weil in solchen Öfen vorwiegend legierte Stähle mit Zusatz von z. B. Cr, Ni, Mn, V erschmolzen werden, sind diese Elemente auch in den Verschlackungszonen der eingesetzten Dolomitsteine zu erwarten. Dabei interessiert besonders die Verteilung und das Zusammengehen der verschiedenen Legierungselemente. Aus der Wand eines 5-t-Lichtbogenofens, unmittelbar benachbart der Schlackenlinie, stammt das hier wiedergegebene Beispiel. Bei der auflichtmikroskopischen Untersuchung der verschlackten Zone fielen langgestreckte Nadeln mit einem dem Dicalciumferrit ähnlichen Reflexionsvermögen auf (Abb. 49).

Eine genauere Untersuchung des in Abb. 50a eingezeichneten Nadelabschnitts (Abb. 50b) zeigt mittels elementspezifischen Flächenscannings das Vorhandensein von Cr sowie etwas Ca und Fe. Die Umgebung der Nadeln besteht aus Ca-Silikat und einer Calciumferritphase, die noch zusätzlich Vanadium enthält (Abb. 50c-g). Die langgestreckten Nadeln sind demnach Ca-Chromit-Ferrit-Mischkristalle, wobei das Cr vermutlich die Nadelgestalt bedingt. Außerdem findet sich Ca-Ferrit, das erhebliche Mengen V enthält. Bemerkenswert ist das getrennte Auftreten von Cr und V in der gleichen Ca-Ferrit-Phase.

Literatur

1. Armbruster, M.: Circ. inform. techn. 1791 (1964).
2. Doman, R. C., J. B. Barr, R. N. McNally, and A. M. Alper: Journ. Amer. Ceram. Soc. **46**, 313 (1963).
3. De Keyser, W. L., R. Fourneau, N. van Geen-Peers et G. Naessens: Bull. Soc. Franç. Céram. **81**, 3 (1968).
4. Obst, K. H., W. Münchberg und J. Stradtmann: Tonindustrie-Zeitung **94**, 225 (1970).
5. Obst, K. H.: Tonindustrie-Zeitung **90**, 411 (1966).
6. Rankin, G. A., and H. E. Merwin: Journ. Amer. Ceram. Soc. **38**, 568 1916.
7. Treffner, W. S., und K. Wohlleben: Berichte der Deutschen Keram. Gesellschaft **44**, 350 (1967).

6.2. Produkte aus Sintermagnesit

6.2.1. Synthetische Magnesia

Untersuchungen an sehr reinen MgO-Pulvern nach dem Heißpressen (1800 bis 2200° C/1 Stunde) wurden 1966 von M. H. Leipold [4] vorgenommen.

Er stellte mit Hilfe der ESMA fest, daß die Fremdoxide Si, Ca und Al, die in Mengen von 2400, 150 und 75 atom-ppm im Ausgangsstoff homogen verteilt sind, sich nach dem Heißpressen jedoch an den Korngrenzen in erheblichem Maße anreichern (z. B. bis zu 25% SiO_2). Das Fe verbleibt im Gegensatz dazu in homogener Verteilung.

Abb. 51 zeigt das lichtmikroskopische Bild einer interessanten Schliffstelle mit verschiedenen Phasen und das dazugehörige elementspezifische Linienscanning für Al, Ca und Si. Die zwischen den Periklaskörnern liegenden, deutlich unter-

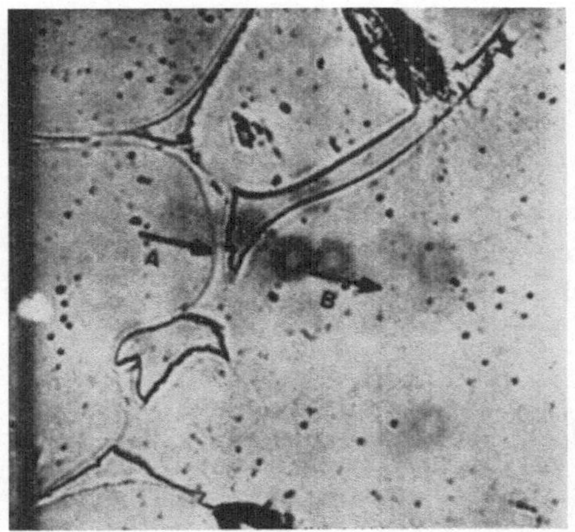

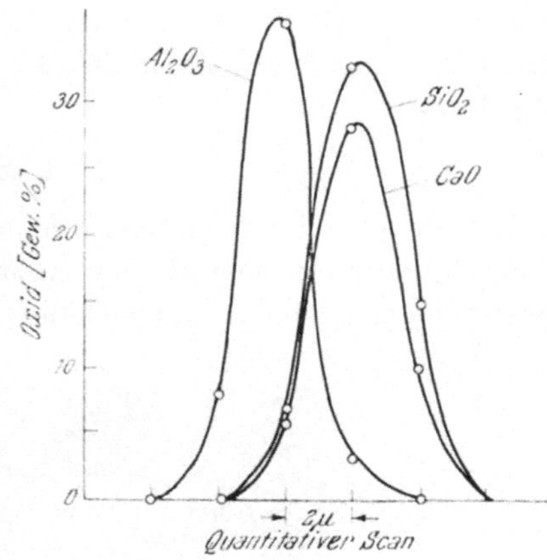

Abb. 51. Verteilung der Verunreinigungen in p.a. Magnesia, das 1 Stunde in Luft auf 2200° C erhitzt wurde. Quantitatives Linienscanning für Al, Si und Ca entlang *A—B*

scheidbaren Phasen bestehen aus einer Mg-Al-Oxid-Verbindung $3\,MgO \cdot Al_2O_3$ sowie aus einem Mg-Ca-Silikat $(Ca_{0,5}\,Mg_{0,5})\,O \cdot SiO_2$.

Die Verfasser weisen darauf hin, daß diese Anreicherung von Fremdoxiden weitere Probleme für die chemische Analyse aufwirft.

6.2.2. Sintermagnesit vor seinem Einsatz

Die Beanspruchung feuerfester Zustellungen bei den neuen Stahlherstellungsverfahren hat die Skala der verwendeten Sintermagnesite bedeutend erweitert. Während noch vor 10 Jahren Sinter aus alpinem Spatmagnesit fast allein den Markt beherrschte, drangen in neuerer Zeit eisenarme Sinter aus Gelmagnesiten mittelmeerischer Herkunft und synthetischer Sinter — aus Seewasser gewonnen — in den basischen Feuerfestsektor vor. Um so wichtiger ist es für die Hersteller und Verbraucher von Magnesitsteinen und -massen, die erzeugten bzw. angebotenen Produkte genau zu kennen. Die Beurteilung von Magnesitsinter erfolgt meistens nach der chemischen Analyse und dem Sintergrad (d. h. nach der Porosität). Eine außerordentlich wertvolle Ergänzung bietet die Mikrostruktur, da sie die Kombination und die Verteilung der chemisch bestimmten Oxidkomponenten erkennen läßt. Ein wichtiges Instrument zur Beobachtung der Mikrostruktur ist das Auflichtmikroskop. Besonders F. Trojer [9] hat es bei Magnesitprodukten mit hervorragendem Erfolg eingesetzt. Es zeigte sich sehr bald, daß die zahlreichen Phasen selten in reiner Form vorkommen, sondern daß die Mischkristallbildung zwischen ihnen eine erhebliche Rolle spielen kann. Mit Hilfe der chemischen Analyse, mit Reflexionsmessungen, Mehrstoffsystemen und mit sehr viel Erfahrung lassen sich auch diese Mischkristallbildungen deuten. Einen Schritt weiter bringt uns in solchen Fragen der Einsatz des Elektronenstrahl-Mikroanalysators.

Man kann mit dessen Hilfe nicht nur die bisherigen Beobachtungen bestätigen, sondern bei der Mischkristallbildung z. B. auch die Anwesenheit einer Komponente qualitativ aufzeigen und quantitative Messungen liefern.

Erste Untersuchungen an Magnesitsintern unterschiedlicher Herkunft wurden von MALISSA, OBST, MÜNCHBERG und HORN [7, 6] vorgenommen. Für jeden Sintertyp kamen Flächenscanning, Linienscanning und quantitative Punktmessung zum Einsatz.

6.2.2.1. Spatmagnesit

In früheren Jahren wurden für feuerfeste Zwecke hauptsächlich die eisenreichen Spatmagnesite aus dem alpinen Raum verwendet. Die chemische Analyse dieser Magnesite zeigt hohe Eisengehalte und wechselnde Mengen Kieselsäure. Die

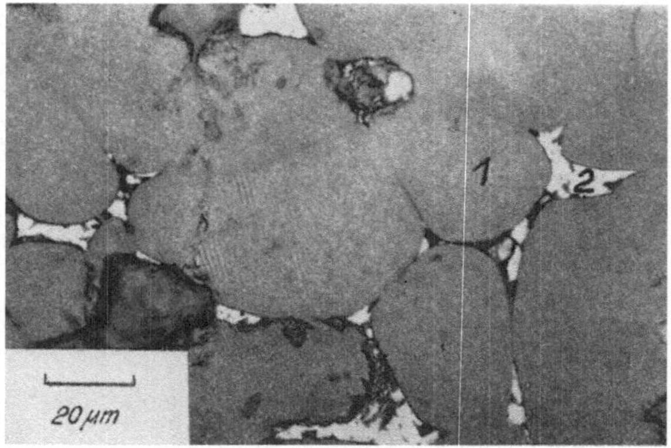

Abb. 52a. Spatmagnesia I. Auflichtmikroskopisches Bild

Unterscheidung zwischen einzelnen Gliedern dieser Gruppe erfolgt im Lichtmikroskop im wesentlichen durch ihre Eisenoxidphasen. Als Beispiel für 3 Spatmagnesite sei hier näher auf den Typ I (Brownmillerittyp), den Typ II (Magnesiumferrittyp) und den Typ III (Magnesiumwüstittyp) eingegangen.

Abb. 52a zeigt das lichtmikroskopische Bild vom Sintertyp I und seine chemische Analyse. Es lassen sich rundliche Periklase (*1*) mit sehr feinen Magnesiumferritausscheidungen erkennen. Die Matrix konnte durch Reflexionseigenschaften und Ätzverhalten als C_2F (*2*) identifiziert werden.

In Abb. 52b sieht man ein positives Absorberbild und zwei elementspezifische Scanningbilder dieses Magnesits. Im positiven Absorberbild erscheint das MgO hell, die dunklen Zwickel stellen eine Phase dar, deren mittlere Ordnungszahl größer ist als die des Periklases. Mit den dunklen Stellen im Absorberbild korrespondieren im Ca-spezifischen Bild Ca-Anreicherungen und im Fe-spezifischen Bild Fe-Anreicherungen. Es tritt in dieser Zone also eine Fe- und Ca-reiche Phase auf. Weiter kann man im Fe-spezifischen Scanningbild eindeutig feststellen, daß das Fe auch im Periklas vorkommt.

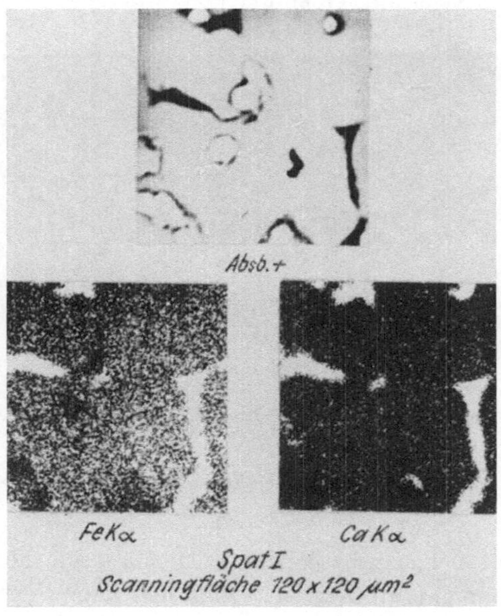

Abb. 52b. Spatmagnesia I. ESMA-Bilder

Die einzelnen Phasen wurden jetzt einer quantitativen Punktanalyse unterzogen (siehe Tab. 11). Das Periklaskorn enthält neben 1,0% CaO noch 3,1% Fe_2O_3, das in Form von sehr kleinen (unter 2 μm) Ausscheidungen von Magnesiumferrit ausgebildet ist.

Tabelle 11. *Quantitative Punktmessungen an Spatmagnesit I*

	$\bar{X}$ %	S	V %	Molverhältnis
1. Periklaskorn				
MgO	97	5,8	6	1
CaO	1,0	0,1	10	$4 \cdot 10^{-3}$
SiO_2	0			
Fe_2O_3	3,1	0,3	10	$8 \cdot 10^{-3}$
Al_2O_3	0			
	Periklas mit Magnesiumferrit			
2. Matrix (Ferritphase)				
MgO	5,7	5,1	39,3	0,6
CaO	44,7	2,4	5,3	3,4
SiO_2	3,5	0,6	17	0,2
Fe_2O_3	37,3	2,3	7,6	1,0
Al_2O_3	3,9	0,8	21	0,3
	Dicalciumferrit in enger Verwachsung mit Dicalciumsilikat und Brownmillerit			

$\bar{X}$ = Mittelwert; S = Standardabweichung der Einzelmessung; V = Variationskoeffizient

Die vollständige Analyse der im Lichtmikroskop als Dicalciumferrit identifizierten Phase ist ebenfalls in Tab. 11 zusammengestellt. Sie stellt eine Durchschnittsanalyse von Phasen mit einer Flächenausdehnung von 20 bis 30 μm dar,

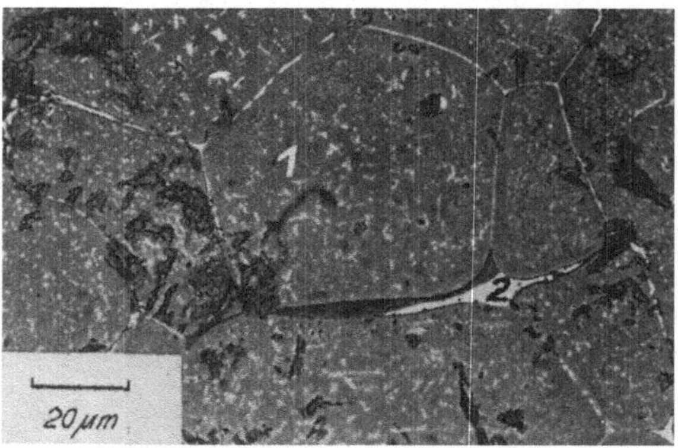

Abb. 53a. Spatmagnesia II. Auflichtmikroskopisches Bild

aus der folgt, daß es sich bei dieser Zwickelsubstanz um keine einheitliche Verbindung handeln kann. Vermutlich ist es eine sehr feine Verwachsung von Dicalciumferrit-Brownmillerit, Magnesiumferrit und Dicalciumsilikat.

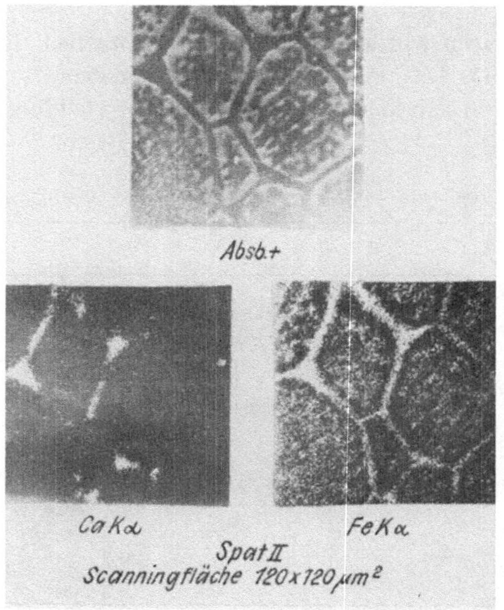

Abb. 53b. Spatmagnesia II. ESMA-Bilder

Der Spatmagnesit vom Typ II zeigt einen wesentlich höheren Fe- und Si-Gehalt als der Typ I. Die relativ großen polygonalen Periklaskörner (*1*) sind durch Magnesiumferritleisten getrennt. Neben dem Magnesiumferrit liegt vereinzelt Dicalciumsilikat und Dicalciumferrit (*2*) in der Matrix vor. Die mikroskopische Unterscheidung zwischen Magnesiumferrit und Dicalciumferrit gelingt auf Grund der Morphologie und Ätzbarkeit (Abb. 53a).

Außerdem tritt Magnesiumferrit als globulare Entmischung innerhalb der Periklaskristalle auf. Die Mikrosonde kann (Abb. 53b) direkt durch die charakteristische Röntgenstrahlung der in der Matrix auftretenden Elemente zwischen Magnesiumferrit, Dicalciumferrit und Dicalciumsilikat unterscheiden. Im positiven Absorberbild geben sich die eisenhaltigen Ausscheidungen durch dunkle Zonen zu erkennen. Die Phase zwischen den Periklaskristallen enthält Ca und Fe, wie die beiden elementspezifischen Scanningbilder zeigen. Ebenso sieht man im Fe-spezifischen Scanningbild deutlich die eisenreichen Ausscheidungen in den Periklaskristallen.

In Abb. 54a handelt es sich um den Spatmagnesit des Typs III. Die chemische Analyse zeigt einen hohen Kieselsäuregehalt, der Fe-Gehalt ist niedriger als bei Typ I und Typ II.

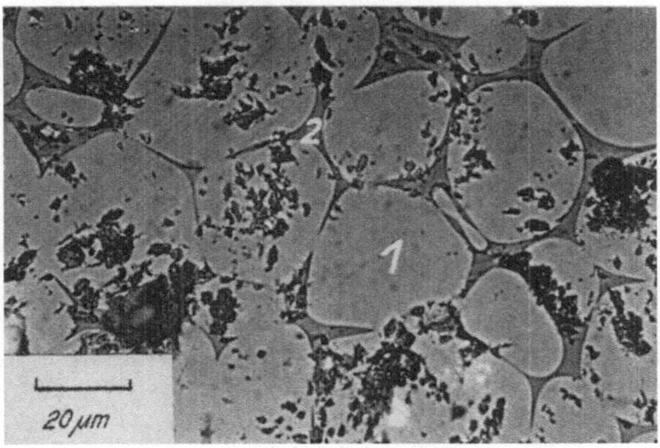

Abb. 54a. Spatmagnesia III. Auflichtmikroskopisches Bild

Die großen rundlichen Periklase (*1*) sind in einer Silikatmatrix eingebettet, die sich mit Hilfe von geeigneten Ätzverfahren als Monticellit (*2*) zu erkennen gibt. Auf Grund der Reflexionseigenschaften läßt sich im Lichtmikroskop das Fe als FeO, gelöst im MgO, vermuten. Diese MgO-FeO-Mischkristalle bestätigt die Mikrosonde (Abb. 54b). Das elementspezifische Fe-Scanning zeigt eine sehr gleichmäßige Verteilung des Eisens über die abgetastete Fläche. Das Ca und das Si hingegen sind in ganz bestimmten Zonen angehäuft, die als Silikatphase eindeutig zu erkennen sind.

6.2.2.2. Synthetischer Seewassermagnesit

Die synthetischen eisenarmen Magnesitsinter werden im allgemeinen durch Ausfällen aus Magnesiumhydroxid aus eingedickten Seewasserlaugen gewonnen. Sie werden entweder im reinen Zustand sehr hoch gesintert oder durch Zusätze von Sinterhilfsmitteln (z. B. Fe_2O_3 oder Cr_2O_3) auf die gewünschte Dichte gebrannt. Als Verunreinigungen treten SiO_2, CaO und B_2O_3 auf.

Abb. 55a zeigt die Mikrostruktur eines handelsüblichen Seewassermagnesitsinters. Neben den Periklaskristallen (*1*) von 30 µm Größe liegt in der Matrix eine

Silikatphase vor, die man als Forsterit (2) anspricht, weil sie von den üblichen Ätzmitteln nicht angegriffen wird. Mit der Mikrosonde kann man sofort erkennen, daß es sich nicht um eine einheitliche Forsteritphase handelt, sondern daß neben ihr

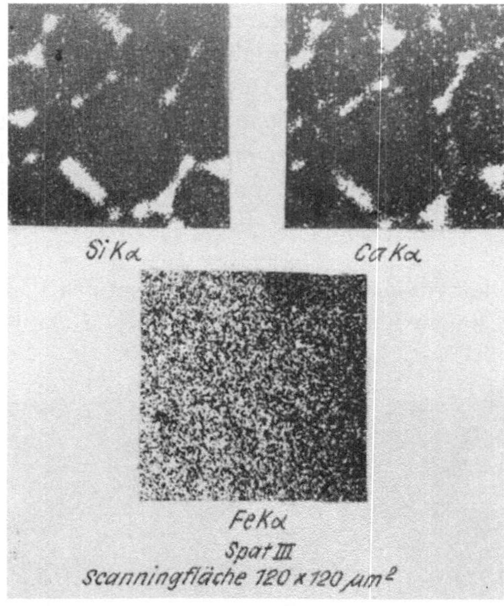

Abb. 54b. Spatmagnesia III. ESMA-Bilder

noch eine Ca-Mg-haltige Silikatphase vorliegen muß. Das positive Absorberbild weist dunkle Phasen auf, die nicht einheitlich sind. Das Mg-spezifische Scanning zeigt hier das Vorhandensein von Mg an. Das entsprechende Ca-Scanningbild

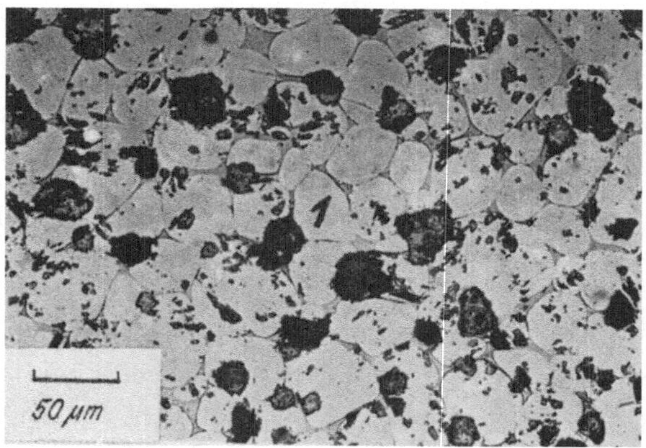

Abb. 55a. Seewassermagnesia. Auflichtmikroskopisches Bild

beweist dort das Fehlen von Ca. Das Si hingegen kommt mit Ca und Mg gemeinsam vor (Abb. 55b). Die Mikrosonde ermöglicht so zusätzlich zum lichtmikroskopischen Bild weitere Informationen.

Bei Anwendung der quantitativen Punktanalyse (Tab. 12) zeigt sich, daß im Periklaskorn geringe Mengen (0,3%) Fe_2O_3 und (0,2%) Al_2O_3 gelöst sind. Die Silikat-

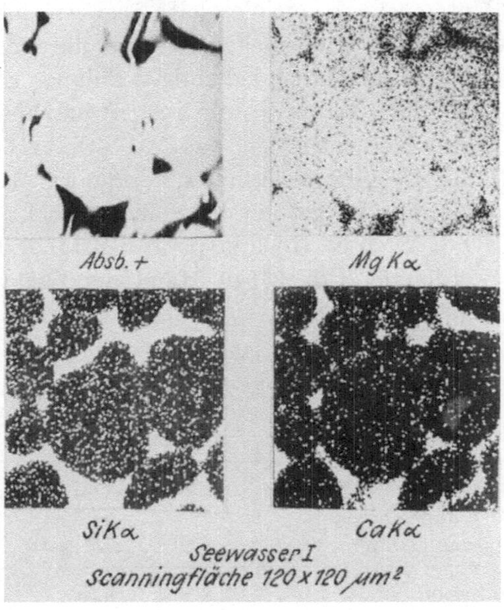

Abb. 55b. Seewassermagnesia. ESMA-Bilder

Tabelle 12. *Quantitative Punktmessungen an Seewassermagnesit I*

	$\bar{X}$ %	S	V %	Molverhältnis
1. Periklaskorn				
MgO	98	4,9	5	1
CaO	0			
SiO_2	0			
Fe_2O_3	0,3	0,1	50	$6 \cdot 10^{-4}$
Al_2O_3	0,2	0,1	50	$8 \cdot 10^{-4}$
	Periklas			
2. Matrix (Silikatphase 1)				
MgO	42,0	3,3	7,8	2,4
CaO	24,0	1,4	5,8	1,0
SiO_2	33,4	2,0	6	1,3
Fe_2O_3	0,2	0,1	50	$3 \cdot 10^{-3}$
Al_2O_3	0,7	0,1	20	
	Monticellit			
3. Matrix (Silikatphase 2)				
MgO	58,5	4,7	8	2,2
CaO	1	0,2	20	$3 \cdot 10^{-2}$
SiO_2	39,5	2,6	6,5	1,0
Fe_2O_3	0			
Al_2O_3	0			
	Forsterit			

$\bar{X}$ = Mittelwert; S = Standardabweichung der Einzelmessung; V = Variationskoeffizient

matrix besteht überwiegend aus Forsterit, an einigen Stellen jedoch aus Monticellit ($CaO \cdot MgO \cdot SiO_2$).

In einer neueren Untersuchung zum Vergleich Seewassermagnesit-Gelmagnesit liefern JONES und MELFORD [3] einige neue Gesichtspunkte. An normal gekühlten und abgeschreckten Proben fanden sie bei einigen Sintern, daß das Calciumoxid aus der Silikatphase bei hohen Temperaturen austritt und als feste Lösung in das Periklasgitter geht. Dadurch erniedrigt sich das CaO/SiO_2-Verhältnis in der Matrix, was wiederum die Heißfestigkeitseigenschaften vermindert. Kühlt man langsam, so entmischt das CaO wieder und geht in das Silikat zurück; bei abgeschreckten Proben bleibt das CaO dagegen im Hochtemperaturzustand, d. h. im MgO gelöst. Diese Verhältnisse werden in Tab. 13 an Hand der CaO-Gehalte dargestellt.

Tabelle 13. *Zusammenfassung der Calcium-Verteilung, ermittelt durch die ESMA* [Lit. 3]

Probe		Ca-Analyse (%)	
		in der Bindung	im Periklas
griechischer Sinter	Sinterkorn	42 und 36	0,46—1,4
	Stein abgeschreckt	—	0,13—2,0
	langsam gekühlt	43	0,05 (Minimalwert)
amerikanischer Sinter	Sinterkorn	n. b.	n. b.
	Stein abgeschreckt	39	0,25
	langsam gekühlt	43,4	0,15
Seewasser-Sinter A	Sinterkorn	33	0,10
	Stein abgeschreckt	34,5	0,14
	langsam gekühlt	38	0,06
Seewasser-Sinter B	Sinterkorn	25.8	0,05
	Stein	n. b.	n. b.
	Dicalciumsilikat	46.5	
	Merwinit	36.6	
	Monticellit	25,6	

Der nicht angegebene Silikatgehalt beträgt ca. 16%. Die Genauigkeit der Meßwerte ist nach Angaben der Verfasser nicht kleiner als $\pm 5\%$. Die höchste im MgO gelöste CaO-Menge wurde bei Magnesiten gefunden, in denen C_2S die Matrix bildet.

6.2.2.3. Gelmagnesit

Der Gelmagnesit ist ebenfalls eisenarm, aber von natürlichem Vorkommen. Seine Lagerstätten liegen vor allem im Mittelmeerraum. Als Hauptverunreinigungen können CaO und SiO_2 genannt werden. Auf Grund zahlreicher Arbeiten ist bekannt, daß je nach dem CaO/SiO_2-Verhältnis Silikate der Reihe Monticellit-Dicalciumsilikat als Matrix auftreten können. Die gering vorhandenen Eisen- und Aluminiumoxide scheinen in fester Lösung mit MgO vorzuliegen (Abb. 56a).

Die Mikrosonde liefert mit den elementspezifischen Scanningbildern (Abb. 56b) den Beweis, daß es sich um eine Ca- und Si-haltige Phase handelt, die aber auch etwas Mg enthält.

Um genauere Werte zu erhalten, wurde an den Sinterkörnern I und II unterschiedlicher Färbung eine quantitative Punktanalyse durchgeführt (Tab. 14). Im Periklaskorn war in beiden Körnern eine geringe Menge (1,5%) Fe_2O_3

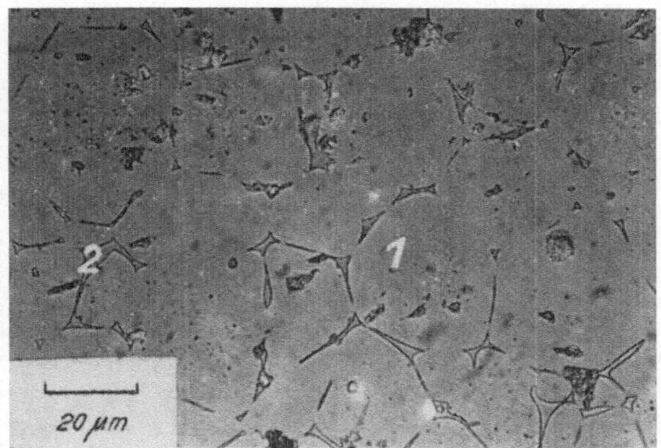

Abb. 56a. Gelmagnesit. Auflichtmikroskopisches Bild

gelöst. Die Analysenwerte der Matrix zeigten für das Korn I überwiegend die Phase Monticellit, für das Korn II die Phase Dicalciumsilikat an. Abweichungen

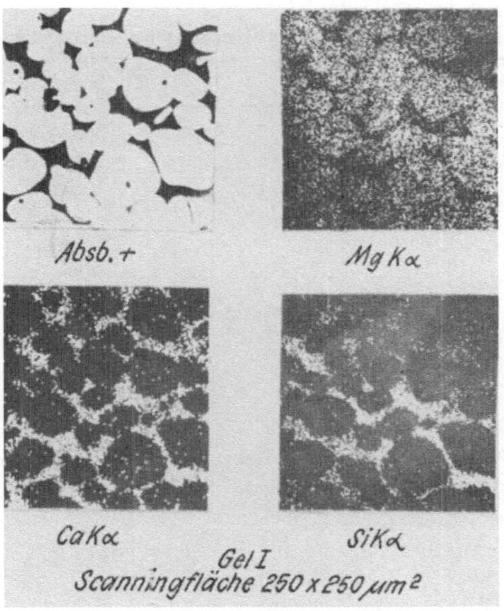

Abb. 56b. Gelmagnesit. ESMA-Bilder

von der stöchiometrischen Zusammensetzung sind feinkristallinen Verwachsungen unterschiedlicher Phasen zuzuschreiben.

Um über die Verteilung der relativ geringen Mengen Fe_2O_3 und Al_2O_3 im Periklaskorn Aussagen zu treffen, wurde am Sinterkorn 1 ein mechanisches Linienscanning für Ca, Al, Fe und Si durchgeführt (Abb. 56c). Die Probe wurde unter dem Elektronenstrahl so bewegt, daß bei der Bewegungsrichtung „vor" der Strahl zunächst einen MgO-Kristallit A traf, dann in die Silikatmatrix und schließlich wieder

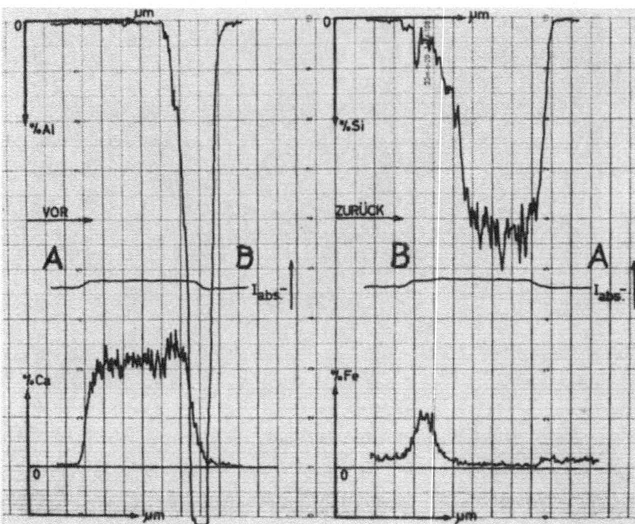

Abb. 56c. Gelmagnesit. Mechanisches Linienscanning für Ca, Al, Fe und Si

Tabelle 14. *Quantitative Punktmessungen an Gelmagnesit I*

	$\bar{X}$ %	S	V %	Molverhältnis
1. Periklas				
MgO	98	4,5	5	1
CaO	0			
SiO_2	0			
Fe_2O_3	1,5	0,2	15	$4 \cdot 10^{-2}$
Al_2O_3	0			
	Periklas			
2. Matrix (Silikat), Korn I				
MgO	25,3	1,2	4,6	1,1
CaO	33,6	1,5	4,4	1
SiO_2	37,2	1,3	3,6	1
Fe_2O_3	0			
Al_2O_3	0			
	Monticellit			
3. Matrix (Silikat), Korn II				
MgO	8,4	0,7	8	0,4
CaO	57,2	1,5	2,6	2
SiO_2	30,7	0,5	15	1
Fe_2O_3	0			
Al_2O_3	0			
	Dicalciumsilikat			

$\bar{X}$ = Mittelwert; S = Standardabweichung der Einzelmessung; V = Variationskoeffizient

in einen MgO-Kristallit B gelangte. Die auf diesem Weg erzeugte Röntgenstrahlung von Al und Ca wurde gemessen und von einem Schreiber registriert. Dem Absinken des Ca-Gehaltes in der Matrix entspricht genau ein Anstieg des Al-Gehaltes im Periklas. Bewegt man nun, vom MgO-Kristallit B kommend, die Probe den gleichen Weg unter dem Strahl „zurück", so erhält man einen dazugehörenden Si- und Fe-Konzentrationsverlauf. Dabei zeigte sich, daß Al und Fe direkt an den Periklaskorngrenzen angereichert sind, was wahrscheinlich auf Diffusionsvorgänge zurückzuführen sein wird.

6.2.2.4. Einfluß des Titans auf die Silikatmatrix in Sintermagnesiten

Nach einer Arbeit von Jones und Melford [3] sind sowohl bei Seewassermagnesit- als auch bei Gelmagnesitsinter lokale Anreicherungen von Ti-, Ti-Fe-

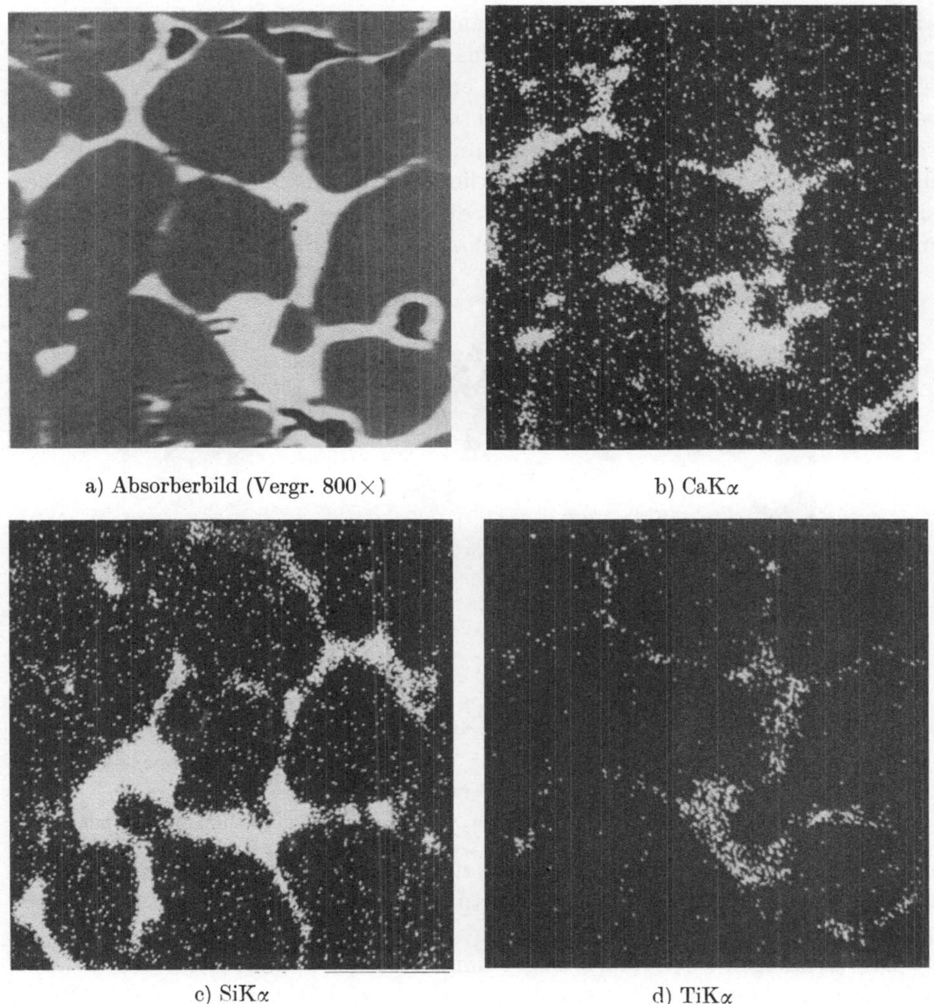

a) Absorberbild (Vergr. 800×) b) CaKα

c) SiKα d) TiKα

Abb. 57. Keramisch gebundener Sintermagnesitstein mit TiO_2-Zusatz; elementspezifisches Flächenscanning

und $MgO \cdot Al_2O_3$-Spinellen zu beobachten. In der Silikatmatrix wurden außerdem 0,25% Ti festgestellt. Ti- und Al-Oxid verändern bekanntlich den Benetzungswinkel zwischen Periklas und Silikat.

Am Beispiel eines 0,8% TiO_2-versetzten Magnesitsinters, der aus Seewassermagnesit und eisenreichem Spatmagnesit bestand, sei die Anreicherung des Ti in der Ca-Silikat-Phase demonstriert (Abb. 57). Nach den elementspezifischen Bildern handelt es sich vermutlich hier um eine enge Verwachsung von Dicalciumsilikat und Perowskit ($CaTiO_3$).

6.2.3. Sintermagnesit nach seinem Einsatz

Im SM-Ofen hat in den letzten 10 Jahren der basische Magnesitstein den sauren Silikastein weitgehend abgelöst. Beim Eindringen der SM-Ofen-Schlacke in einen Magnesitstein [5] (Abb. 58) bleiben die Periklaskörner zunächst erhalten, werden aber abgerundet und zunehmend voneinander isoliert. Als Mineralneubildung tritt grobkristallines Dicalciumsilikat auf, das wegen seines hohen Schmelzpunktes wahrscheinlich dem weiteren Verschleiß entgegenwirkt. Andererseits schwimmen — was in diesem Bild allerdings nicht zu sehen ist — die isolierten Periklaskörner schließlich in die Schlacke ab. Die Zusammensetzung der Restschmelze, die für den gesamten Auflösungsvorgang natürlich von besonderer Bedeutung ist, ließ sich nur mit Hilfe der ESMA bestimmen. Sie hat etwa dicalciumferritische Zusammensetzung mit gewissen Mengen an gelöstem Al_2O_3, SiO_2 und MnO.

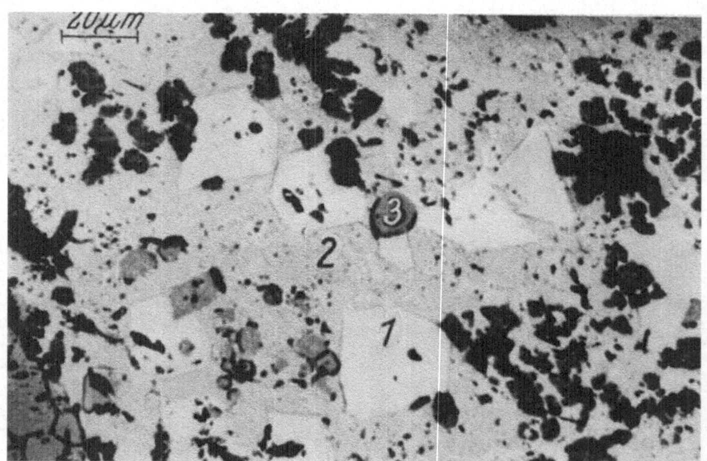

Abb. 59. Auflichtmikroskopisches Bild eines verschlackten Teermagnesitsteines aus dem LDAC-Konverter

1 Spinell *2* Eutektikum *3* Calciumsilikophophat

Neben Teerdolomitsteinen und Dolomit-Magnesit-Mischsteinen werden im derzeitigen Konverterbetrieb, besonders an stärker beanspruchten Zonen, Teermagnesitsteine eingesetzt.

Die nachfolgende Untersuchung stammt aus der Verschlackungszone eines solchen teergebundenen Magnesitsteines aus einem LDAC-Konverter [8]. Durch gezieltes Linienscanning unter Verwendung von Standards (C_2S, C_3P und MF) wurde die Zusammensetzung der in Abb. 59 gezeigten Phasen bestimmt. Aus

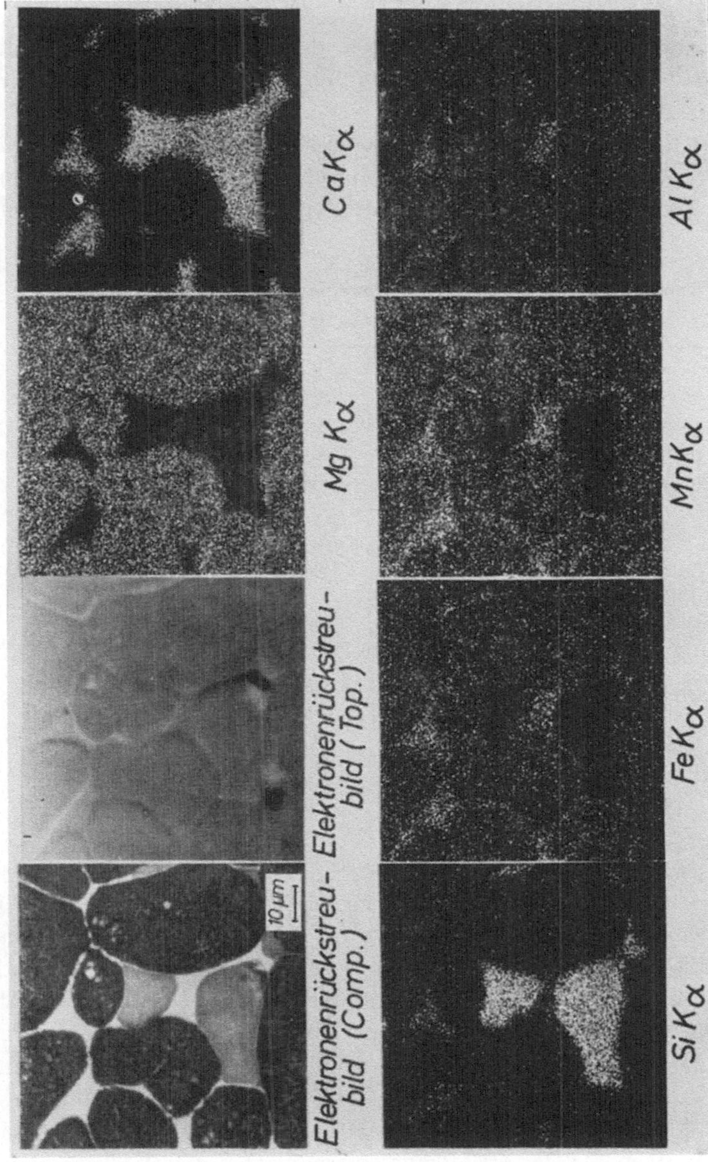

Abb. 58. Keramisch gebundener Magnesiastein, verschlackt durch SM-Schlacke. ESMA-Bilder

Tab. 15 läßt sich ablesen, daß die hellgraue, flächig begrenzte Phase aus Magnesiumferrit mit etwas MgO-Überschuß, das Eutektikum aus einer Verwachsung von 70% Dicalciumferrit und 30% Ca-Silikophosphat besteht, während die dunkelgraue, unregelmäßig begrenzte Phase als ein Ca-Silikophosphat der Zusammensetzung C_5SP anzusehen ist.

Außer ihrem Hauptanwendungsgebiet — der Stahlherstellung — finden basische feuerfeste Produkte noch Anwendung als Futtersteine in Zementdrehrohröfen und Kalkschachtöfen.

Ein Problem beim Einsatz in Zementöfen stellt die Alkalisulfatkorrosion dar. Nach TROJER und TREFFNER [10] wird durch mehrfache Redoxreaktionen der vorhandene Schwefel in Sulfid bzw. Sulfat übergeführt. Die damit verbundenen

Tabelle 15. *Quantitative Phasenanalyse (durch gezieltes Linienscanning) (siehe Abb. 55)*

		Gew.%
Spinell	MgO	20,8
(helle Phase mit Flächen-	Fe_2O_3	64,7
begrenzung)	CaO	1,9
	SiO_2	2,0
Ca-Silikophosphat	CaO	51,8
(dunkle rundliche	SiO_2	10,7
Einschlüsse)	P_2O_5	32,0
Eutektikum	CaO	43,6
(helle und dunkle	Fe_2O_3	43,1
Feinstruktur)	SiO_2	2,7
	P_2O_5	7,6

Volumenänderungen sind die Hauptursachen der Steinzerstörung. Erstmals gelang es R. DERIE [1], diese Alkalisulfatinfiltrationen, die auflichtmikroskopisch nur schwer nachzuweisen sind, mit der ESMA sichtbar zu machen. An Hand von elementspezifischen Flächenscanningbildern zeigt er das Auftreten von Kalium und Schwefel in einer Zone, die 10 cm von der Feuerseite entfernt ist (Abb. 60). Kalium und Schwefel befinden sich an den für die Gasphase zugänglichen Zwischenräumen der Kristalle. Außerdem ist an diesen Stellen noch Chrom nachzuweisen. Das Kalium dürfte danach als Sulfat und Chromat gebunden sein.

Über die Elementverteilung und die daraus resultierende Phasenzusammensetzung in Ansätzen aus Überströmkanälen von ölgefeuerten Kalkschachtöfen berichteten FRANZ und MERZ [2]. Es handelte sich um zonare poröse Ansätze, die auf einer Chrommagnesitzustellung aufgewachsen waren. Bruchstücke dieser Ansätze wurden einer ESMA-Untersuchung mittels elementspezifischen Flächenscannings unterzogen. Abb. 61 zeigt die Grenze zwischen eigentlichem Ansatz und dem benachbarten Chrommagnesitstein. Die Hauptkomponenten des Ansatzes sind Ca, S und Si, die des Steinbereichs überwiegend Mg. Daraus schließen die

Verfasser, daß es sich beim Ansatz um eine Phase aus dem System CaO-SiO_2-$CaSO_4$ handeln muß, und zwar die Verbindung $(2CaO \cdot SiO_2)_2 \cdot CaSO_4$ mit einer Zersetzungstemperatur von $1298 \pm 2°$ C. Für das Eindringen von Bestandteilen der Ofenatmosphäre in die Magnesitausmauerung der Überströmkanäle steht die Bildung von Ansätzen solcher Zusammensetzungen sicherlich in ursächlichem Zusammenhang.

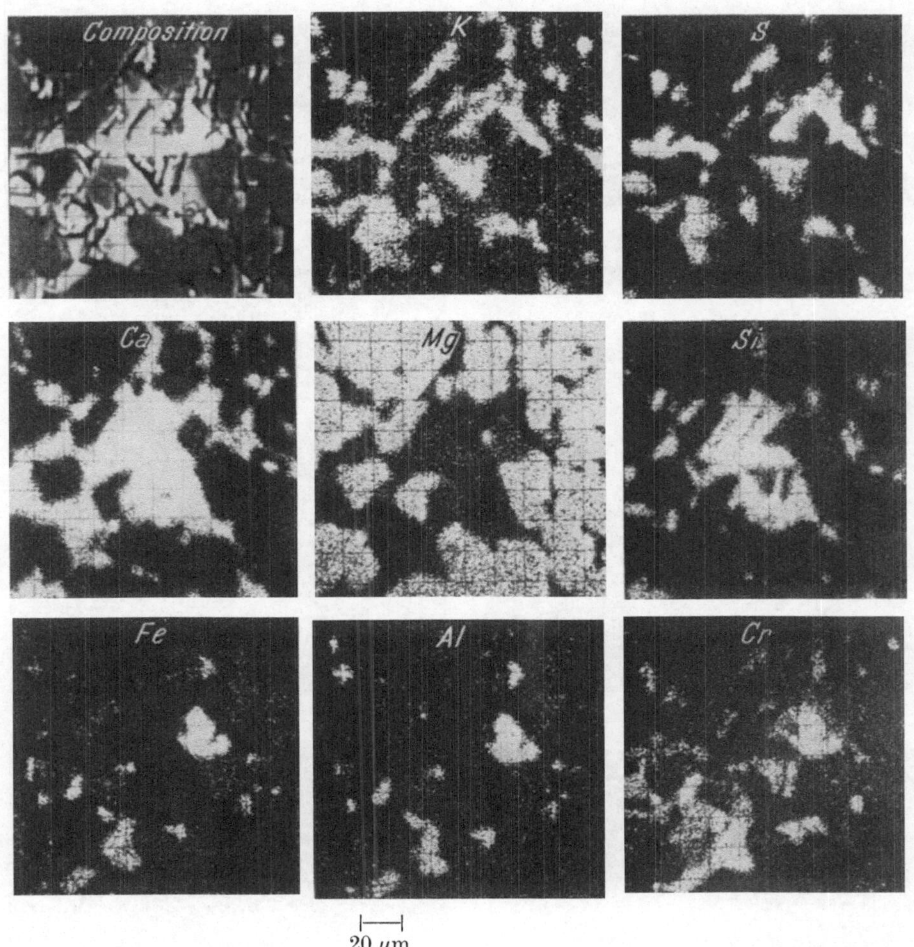

Abb. 60. Chrommagnesitstein nach dem Einsatz im Zementdrehrohrofen; elementspezifische Flächenscanningbilder der an K_2O reichsten Zone

Literatur

1. Derie, R.: Zement-Kalk-Gips **6**, 265 (1969).
2. Franz, D., und D. Merz: Mikrochim. Acta, Suppl. IV, 122 (1970).
3. Jones, D. G., and D. A. Melford: Transact. Brit. Ceram. Soc. 241 (1969).
4. Leipold, M. H.: Journ. Amer. Ceram. Soc. **49**, 498 (1966).
5. Lehmann, H., und H. Salge: Tonindustrie-Zeitung **93**, 439 (1969).

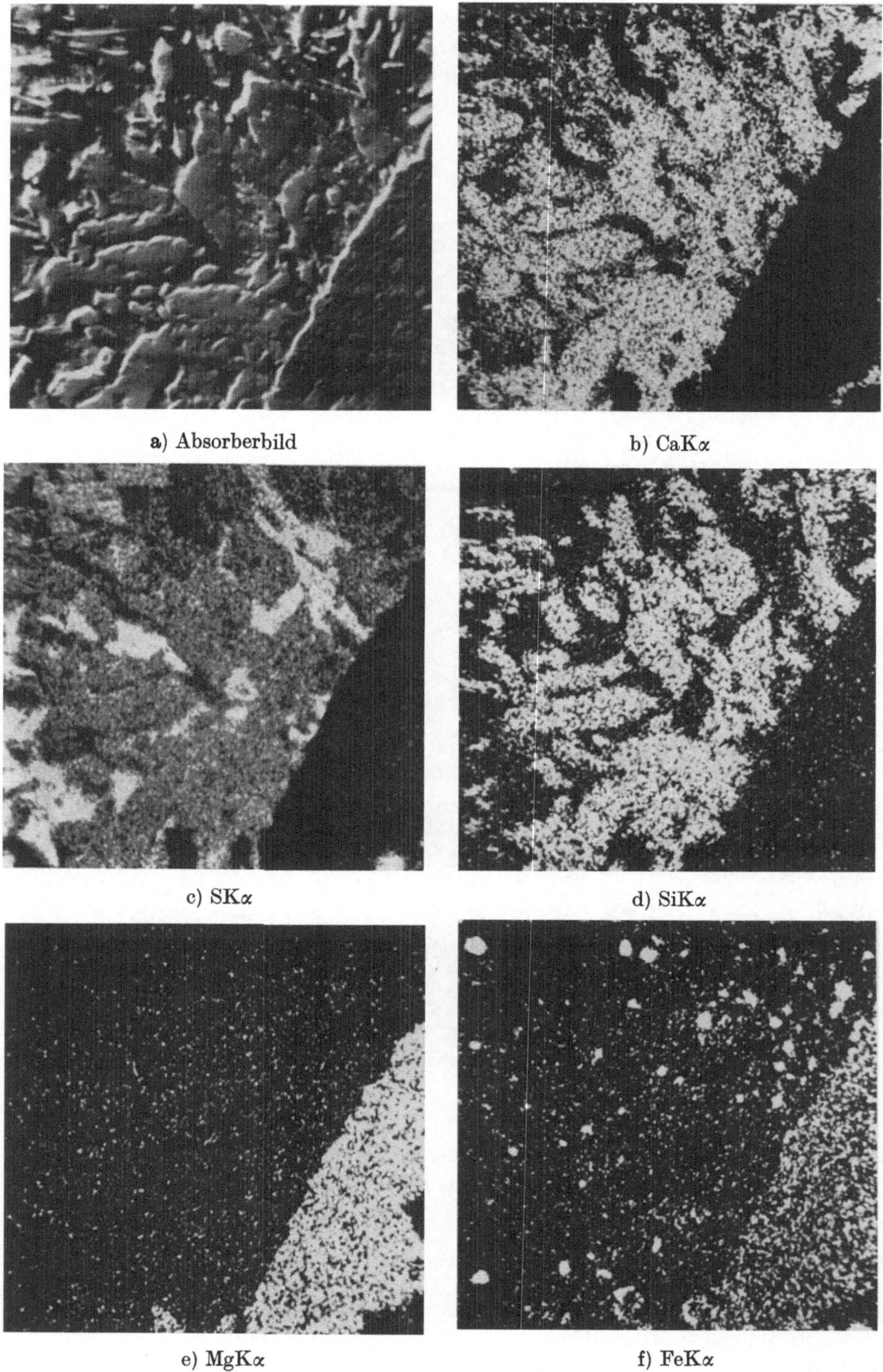

Abb. 61. Ansatzbildung im Überströmkanal einer ölgefeuerten Kalkschachtofenanlage — Magnesitrandschicht; elementspezifische Flächenscanningbilder des Ansatzes (Vergr. 150×)

6. MALISSA, H., K. H. OBST und H. CHR. HORN: Radexrundschau 421 (1969).
7. OBST, K. H., H. CHR. HORN und W. MÜNCHBERG: Tonindustrie-Zeitung **90**, 415 (1966).
8. OBST, K. H., W. MÜNCHBERG und J. STRADTMANN: Tonindustrie-Zeitung **94**, 225 (1970).
9. TROJER, F.: In: H. FREUND, Handbuch der Mikroskopie in der Technik. Teil 3, 171. Frankfurt/Main: Umschauverlag. 1968.
10. TROJER, F.: Radexrundschau **2**, 546 (1961).
und
TREFFNER, W. S.: Amer. Ceram. Soc. Bull. **47**, 634 (1968).

6.3. Produkte aus Chromit

Über den erfolgreichen Einsatz der Mikrosonde bei der Mineralneubildung von Chromerzen beim Brennen in verschiedener Atmosphäre berichten WOHLLEBEN, MIKAMI und KONOPICKY [6]. Das Schwergewicht der Methodik liegt beim elementspezifischen Flächenscanning und der darüber projizierten elektronischen Linienscanspur. Zusätzlich wurde noch das Punktmeßverfahren mit Korrektur eingesetzt.

Die Untersuchung des reduzierend gebrannten Chromerzes ergab, daß neben dem Chromspinell (bestehend aus FeO und Cr_2O_3 sowie etwas Al_2O_3) eine Silikatphase vorlag, die teilweise einem Pyroxen, teilweise einem Ca-Al-Silikat schwankender Zusammensetzung entsprach (Abb. 62 [Lit. 2]). Die Verfasser stellen (siehe Tab. 16) die chemische Analyse des isolierten Chromits den mit der ESMA

Tabelle 16. *Zusammensetzung des reinen Chromitkorns (in Gew.%)* [Lit. 2]

	Stein	Abzüglich Pyroxen + Anorthit	Reiner Chromit (isoliert) berechnet	chemische Analyse	ESMA
Cr_2O_3	38,4	38,4	45,5	44,8	43,2–47,7
Fe als Fe_2O_3	25,0	23,0	27,3	27,6	28,1–29,4
Al_2O_3	16,1	15,5	18,4	17,6	18,4–29,3
MgO	9,8	7,4	8,8	8,3	7,3– 7,5
SiO_2	7,2	0			
TiO_2	2,1	(2,1)			
CaO	0,7	0			

gefundenen quantitativen Werten gegenüber, deren Übereinstimmung als gut zu bezeichnen ist.

Beim oxidierend gebrannten Chromerz entstehen sehr kleine, vorwiegend lamellenartige, feinverteilte Ausscheidungen. Beim Abfahren des Konzentrationsprofils mit der Sonde bei geringer Abtastgeschwindigkeit zeigte sich, daß in den Ausscheidungen der Fe- und Cr-Gehalt ansteigt, nicht aber der des Al. Es handelt sich bei den Ausscheidungen um Sesquioxide (3 μm dick) unterschiedlicher Zusammensetzung mit TiO_2-Gehalten bis zu 2%, die in einer Matrix von chromhaltigen Mg-Spinellen liegen.

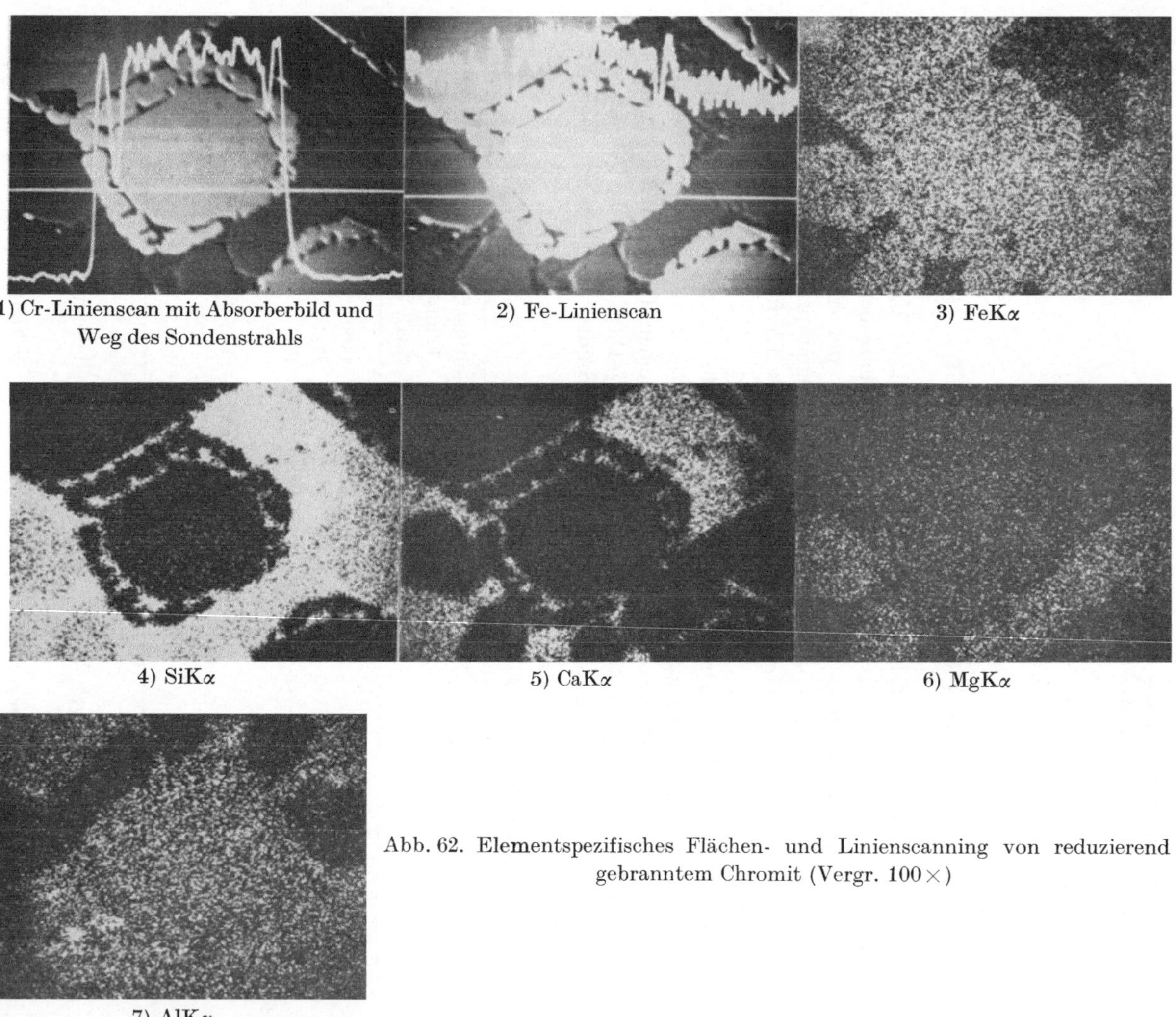

1) Cr-Linienscan mit Absorberbild und Weg des Sondenstrahls
2) Fe-Linienscan
3) FeKα
4) SiKα
5) CaKα
6) MgKα
7) AlKα

Abb. 62. Elementspezifisches Flächen- und Linienscanning von reduzierend gebranntem Chromit (Vergr. 100×)

6.4. Produkte aus Chrommagnesit

Nach KONOPICKY [2] bietet sich der Mikrosonde bei der Untersuchung direkt gebundener, chromhaltiger basischer Erzeugnisse ein lohnendes Einsatzgebiet.

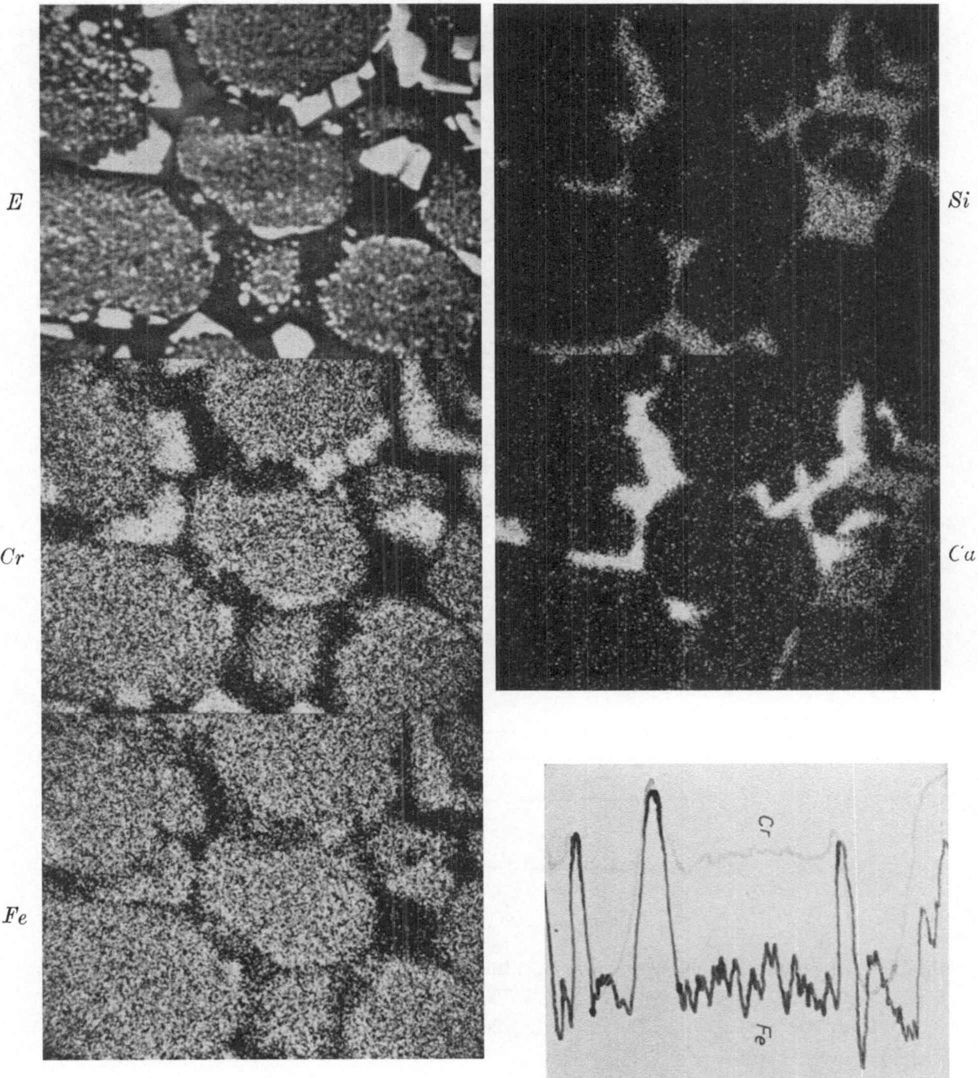

Abb. 63a. Absorberbild und Verteilung der Elemente Cr, Fe, Si und Ca in einer in Luft abgekühlten Magnesitchromprobe (Vergr. 125×)

Abb. 63b. Konzentrationsprofile für die in Luft abgeschreckte Magnesitchromprobe von Abb. 63a

„Direkt gebunden" bedeutet bei diesem Steintyp, daß die einzelnen Periklaskörner mit Chromerz bzw. Chromspinellen in Kontakt stehen und nicht durch Silikatschichten getrennt sind. Hochgebrannte Magnesitchromerzeugnisse bestehen aus den mineralischen Phasen Periklas, Chromit und Silikaten.

Um die wirkliche Zusammensetzung dieser Phasen bei ihren Gebrauchstemperaturen zu erhalten, wurden 50/50-Magnesia-Chromerz-Proben von Temperaturen über 2000° C abgeschreckt und mit der Mikrosonde untersucht. Dabei fand KONOPICKY, daß die Silikatphase kein Cr_2O_3, dagegen merkliche Mengen Fe_2O_3 und Al_2O_3 enthielt. Weiterhin kommt es zu Cr_2O_3-reichen Spinellausscheidungen in der Umgebung des Silikats (Forsterit, Monticellit), die koaxial an die Cr_2O_3-

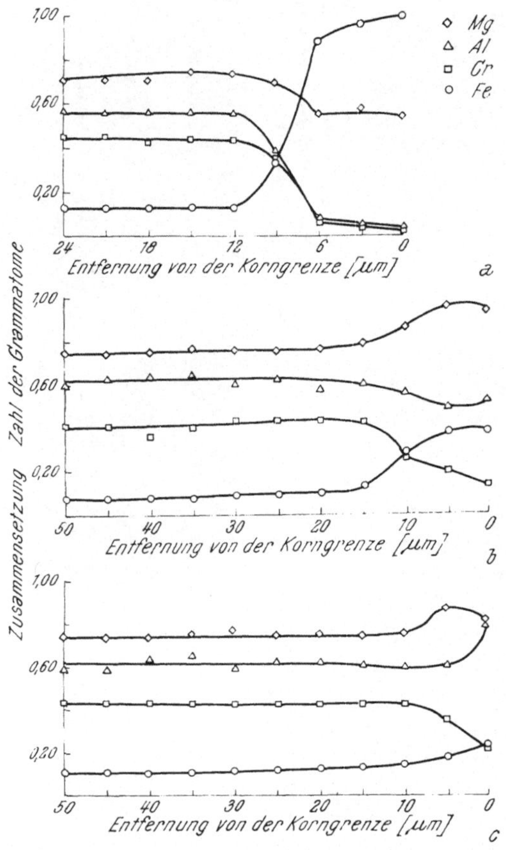

Abb. 64. Änderung des Konzentrationsprofils entlang eines Chromitkorns innerhalb von 7 Tagen

a) 800° C b) 1200° C c) 1400° C

haltigen Periklase aufgewachsen sind. Beim Brennen gibt das Chromerz in erster Linie Eisenoxid an den Periklas ab, aber auch geringe Mengen Al_2O_3 (Abb. 63a und b). Die Diffusionsgeschwindigkeit des Eisenoxids im Periklas war unter den vorliegenden Brennbedingungen wesentlich höher als im Chromerz.

In zwei umfangreichen Arbeiten über Reaktionen an Korngrenzen in Magnesia-Chromerz-Steinen berichten STUBICAN und DE MENEZES [4] über die Anwendung der Mikrosonde bei Diffusionsproblemen. Im ersten Teil der Arbeit wird mit Hilfe von elementspezifischen Flächenscanningbildern versucht, Einzelheiten über die Veränderung chemisch gebundener Magnesia-Chromerz-Steine während des Erhitzens auszusagen. Die Bildung einer Reaktionsschicht um die Chromitkörner, die Ionenwanderung in die Periklase und die Ionenverteilung in den Silikaten wurden qualitativ verfolgt.

Die qualitative Auswertung der oxidierenden Brände ergab, daß das Fe bei niedrigen Temperaturen in einem Saum um das Chromitkorn angereichert ist. Diese Anreicherung verschwindet bei höheren Temperaturen: das Fe diffundiert

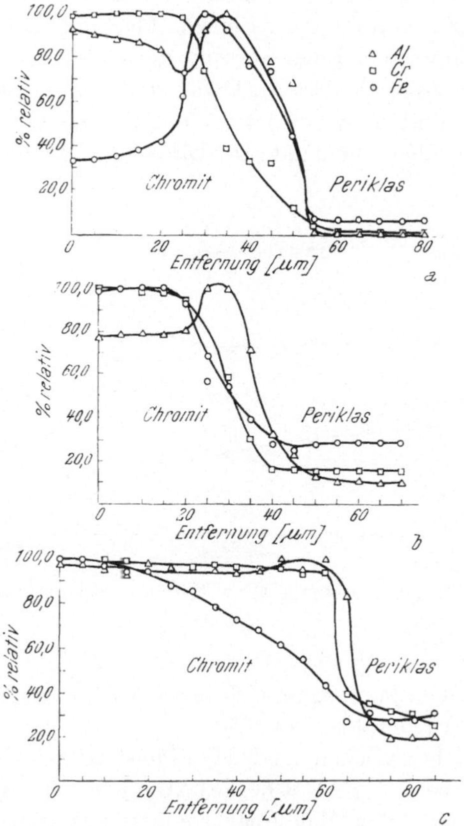

Abb. 65. Relativänderung der Zusammensetzung an einem Periklas-Chromit-Kontakt bei a) 1200° C b) 1550° C c) 1750° C

in die benachbarten Periklaskörner. Al und Cr treten bis 1400° C nur im Chromitkorn auf, ab 1400° C diffundiert das Cr in den Periklas, und erst über 1700° C beobachtet man auch beim Al eine Wanderungstendenz. Diese unterschiedlichen Diffusionsverhältnisse für die Elemente Fe, Cr und Al verlangten nach einer quantitativen Aussage, die den zweiten Teil der Arbeit bildet.

In Abständen von 3 bzw. 5 μm wurden Meßpunkte von der Grenze des Chromitkorns bis in den Kern gelegt. Bestimmt wurde die Intensität der Röntgenstrahlung von Fe, Cr und Al sowie Mg mit Hilfe von Eichkurven in Grammatomen. Abb. 64 zeigt die Veränderung der Elementkonzentrationen für den Temperaturbereich von 800 bis 1400° C.

Der Reaktionsraum zwischen 0 und 6 μm ist sehr gut erkennbar, es handelt sich wahrscheinlich um Magnesiumferrit, das durch Diffusion von Mg aus dem Periklaskorn und Abwanderung von Cr entstanden ist (Kurve *a* 800° C). Bei Erhöhung der Temperatur (Kurven *b* und *c* 1200° C und 1400° C) steigen Cr- und Al-Gehalte in dieser Zone an, das Mg/Fe-Verhältnis kehrt sich um. Jetzt sind feste Lösungen eines Spinells und eines Magnesiumwüstits entstanden.

Eine eindrucksvolle Übersicht der Diffusionsverhältnisse zwischen Chromit- und Periklaskorn gewährt Abb. 65. Während bei 1200° C nur sehr geringe Mengen von Fe und nur Spuren von Cr und Al im Periklaskorn nachweisbar sind, erhöht sich die Konzentration dieser Elemente mit steigender Temperatur. Die Reihenfolge der Diffusion lautet: Fe–Cr–Al. Dafür sind Unterschiede im Ionenradius, in der Ionenladung und in der Energie für Bildung von Kationenfehlstellen verantwortlich. Die oben geschilderte Diffusion ist die Ursache für eine

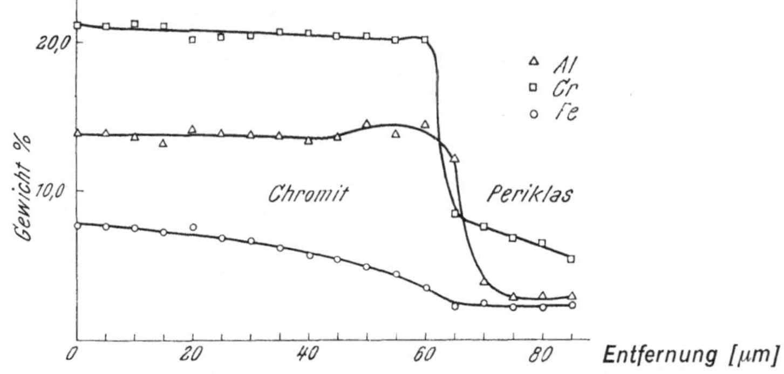

Abb. 66. Änderung der Zusammensetzung (Gew. %) an einem Periklas-Chromit-Kontakt bei 1750° C

direkte Bildung zwischen Periklas und Chromit. Abb. 66 zeigt das Diffusionsprofil eines solchen direkten Kontaktes bei 1750° C.

Die Reaktionsschicht zwischen den beiden Phasen dürfte die Zusammensetzung folgenden Spinells haben: $Mg(Al_{0,5}Cr_{0,4}Fe_{0,1})O_4$. Über die Zusammensetzung der Silikatphasen bei 1300° C in Magnesiachromitsteinen gibt Abb. 67 Auskunft. Sie zeigen wechselnde Gehalte an Ca und Mg, wobei das Ca überwiegend in der Mitte der Silikattaschen anzutreffen ist. Bei Temperaturerhöhung auf 1500° C ändert sich die Silikatzusammensetzung innerhalb des Phasendreiecks C_3MS_2–CMS–M in Richtung fallenden CaO/SiO_2-Verhältnisses auf Grund der wachsenden Diffusion zwischen dem Periklas, den Silikaten der Taschen und des Chromerzes. Bei 1820° C sind nur noch Periklas und eine CaO-SiO_2-haltige Glasphase feststellbar.

Eine weitere, eingehende Untersuchung über die Wechselwirkung von Sintermagnesit und Chromerz in Abhängigkeit von der Temperatur und ihre Bedeutung für die direkt gebundenen Chrommagnesitsteine lieferten G. Bouvier und H. Barthel 1969 [1]. Bei einer abgeschreckten, direkt gebundenen Magnesitchromprobe, die vorher bei einer Temperatur von 1800° C mehrere Stunden gebrannt wurde, ist in Abb. 68 der Konzentrationsverlauf von MgO, FeO, Al_2O_3,

Cr_2O_3, CaO und SiO_2 durch Mikrosondenmessungen wiedergegeben. Als Standards dienten synthetisch hergestellte Spinelle vom Typ $MgAl_2O_4$, $MgCr_2O_4$, $MgFe_2O_4$ und synthetischer Monticellit. Aus dem Konzentrationsverlauf ist zu ersehen, daß am stärksten das Eisen, dann das Chrom und am wenigsten das Aluminium aus dem Chromit in den Periklas abwandert. Das Absinken der Eisenkonzentration vom Innern des Chromitreliktkorns gegen seinen Rand und das Wiederansteigen

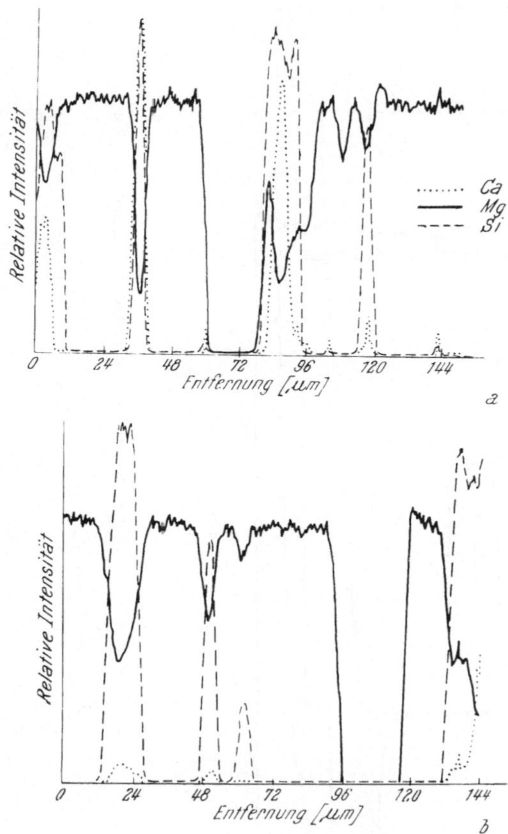

Abb. 67. Relative Röntgenstrahlintensitäten von Silikattaschen
a) 1300° C b) 1820° C

in der benachbarten RO-Phase deuten die Verfasser so, daß sowohl die thermodynamische Stabilität als auch die Diffusionsgeschwindigkeit des Eisens in der RO-Phase größer als im Chromitspinell ist. Eine gute Übereinstimmung mit den Arbeiten von Stubican und de Menezes [4] ist hier gegeben.

Den Angriff einer Kaldoschlacke auf einen schmelzgegossenen Magnesit-Chromerz-Stein an der Feuerseite verfolgten Ruddlesden und Airey [3] mit Hilfe der ESMA. Dabei war die relative Konzentration der Elemente Mg, Fe und Ca in der angreifenden Schlacke, im Periklaskorn und in einem Reaktionsraum zwischen beiden festzustellen. Mit Hilfe von elementspezifischem Flächenscanning und elektronischem Linienscanning konnten sie zeigen, daß das Ca vor-

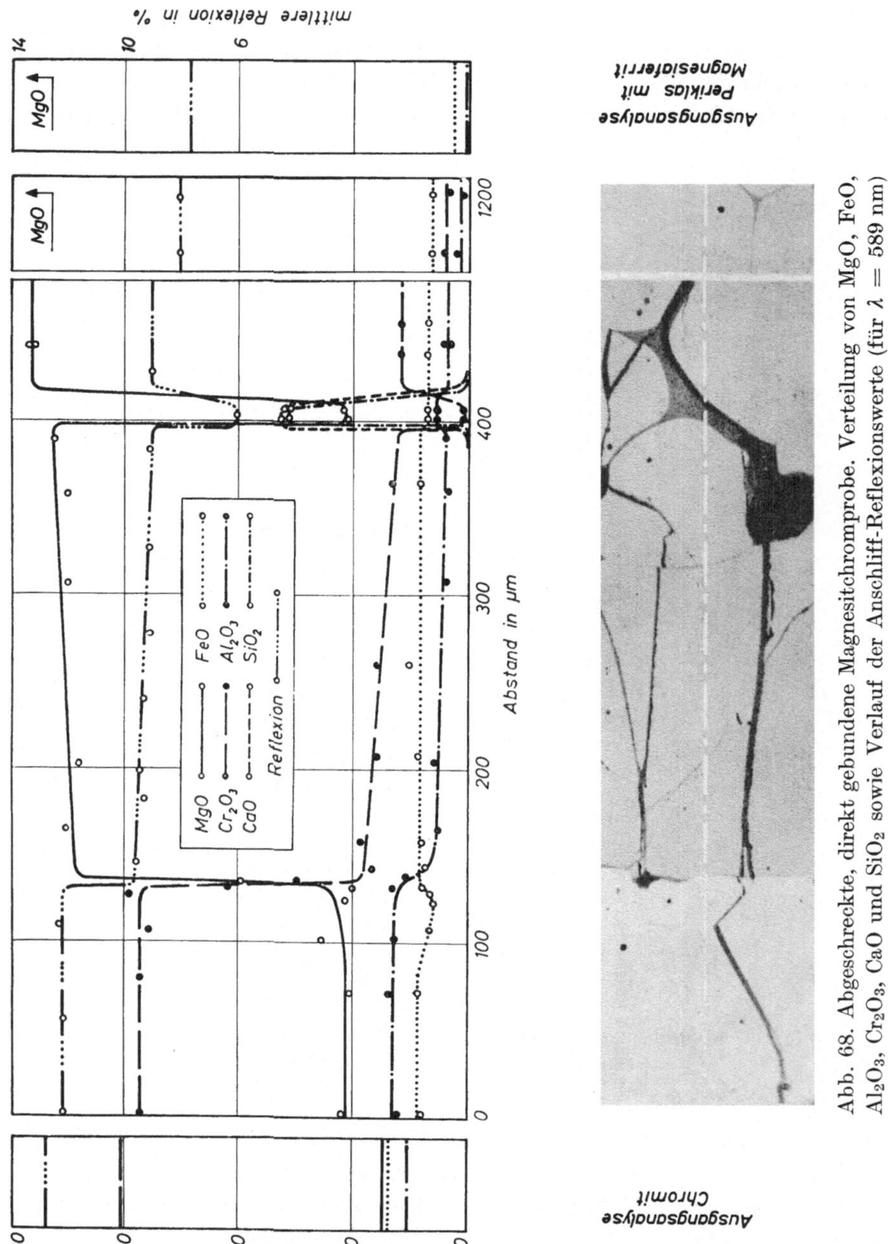

Abb. 68. Abgeschreckte, direkt gebundene Magnesitchromprobe. Verteilung von MgO, FeO, Al_2O_3, Cr_2O_3, CaO und SiO_2 sowie Verlauf der Anschliff-Reflexionswerte (für $\lambda = 589$ nm) nach der im Mikrobild eingezeichneten Meßlinie (Auflicht) (Vergr. 235×)

wiegend in der Schlacke zusammen mit dem Fe vorkam, der Reaktionssaum aus Magnesiumferrit bestand und das Periklaskorn von Magnesiumferritentmischungen durchsetzt war.

Tagai *et al.* [5] untersuchten einen Magnesitchromstein, der durch eisenoxidhaltige Schlacke korrodiert war. Die Probenahmestellen für die Anschliffe lagen 1 bis 2 cm (verschlackter Teil) und 20 cm (unverschlackter Teil) von der Feuerseite entfernt. Die entsprechenden Informationen lieferten elementspezifische Flächenscanningbilder von Mg, Cr, Si, Al, Mn, Ca und Fe. Im nichtverschlackten Teil sind Körner aus Chromoxid-Eisenoxid (Chromit) neben MgO (Periklas) zu beobachten. Als Zwickelphase tritt Mg-Silikat auf. Die Chromitkörner besitzen gegenüber dem Kern einen eisenreicheren Saum. In der verschlackten Zone herrscht dagegen durch Infiltration eine relativ gleichmäßige Eisenkonzentration vor. Die Zwickelphase besteht jetzt vorwiegend aus Ca-Silikat, deren genauere Zusammensetzung durch eine Punktanalyse ermittelt werden kann.

Literatur

1. Bouvier, G., und H. Barthel: Berichte der Deutschen Keramischen Gesellschaft **46**, 357 (1969).
2. Konopicky, K.: Berichte der Deutschen Keramischen Gesellschaft **44**, 333 (1967).
3. Ruddlesden, S. N., and A. C. Airey: Transact. Brit. Ceram. Soc. **66**, 587 (1967).
4. Stubican, V. S., and I. de Menezes: Journ. Amer. Ceram. Soc. **49**, 535 (1966); **49**, 609 (1966).
5. Tagai, H., H. Suzuki und T. Iseki: Taikabutsu **19**, 605 (1967).
6. Wohlleben, K., H. K. Mikami und K. Konopicky: Berichte der Deutschen Keramischen Gesellschaft **44**, 328 (1967).

6.5. Sondersteine

6.5.1. Kohlenstoffsteine

Kohlenstoffsteine finden vorwiegend bei der Zustellung von Hochöfen (Gestell und Herd) ihre Anwendung. Sie bestehen im allgemeinen aus einer Grundmasse — wie Steinkohlenkoks oder Petrolkoks — und darin eingelagerten Anthrazitteilchen. Wysocki, Markus und Pückhoff [2] untersuchten solche Kohlenstoffsteine aus einem Hochofen nach 4 Jahren Laufzeit auf ihre strukturellen und chemischen Veränderungen. Dabei stellten sie fest, daß zahlreiche Fremdstoffe, wie z. B.: PbO, ZnS, $Ca_3(PO_4)_2$, $CaSO_4$ und α-K_2SO_4, in den Bindemittelanteil und in die Risse der noch vollständig erhaltenen Anthrazitkörner einwandern. Als besonders eindrucksvoll konnte das Eindringen von Kaliumtonerdesilikaten in die Klüfte eines Anthrazitkorns mit Hilfe des ESMA belegt werden (siehe Abb. 69 und 70). Solche Infiltrationen führen zu einer verstärkten Rißbildung und zur Sprengung des Anthrazitkorngefüges.

6.5.2. Zirkonsteine

Corhart-Zac-Steine sind schmelzgegossene feuerfeste Qualitäten, die als Wannensteine zur Ausmauerung von Glasschmelzwannen Verwendung finden.

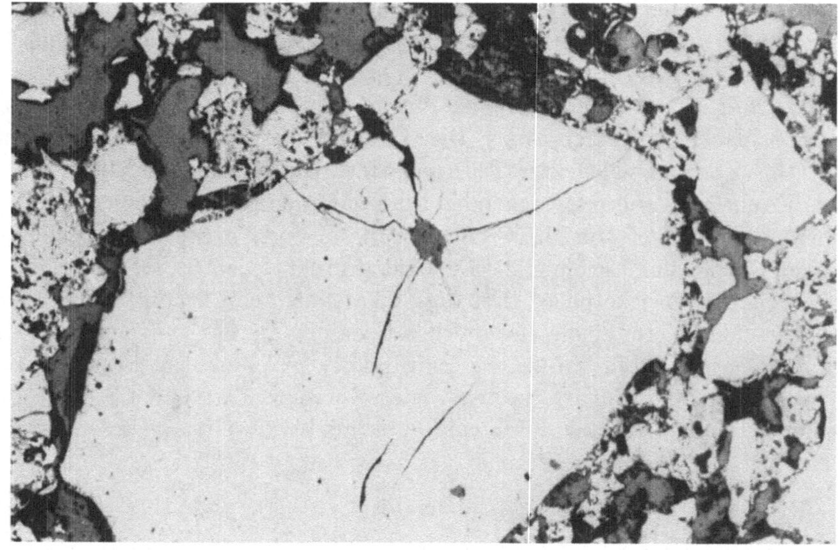

Abb. 69. Kohlenstoffstein, auflichtmikroskopisches Bild, großes weißes Korn: *Anthrazit* mit kleinem dunkelgrauem Einschluß (= Infiltration von Kaliumtonerdesilikat) (Vergr. 50×)

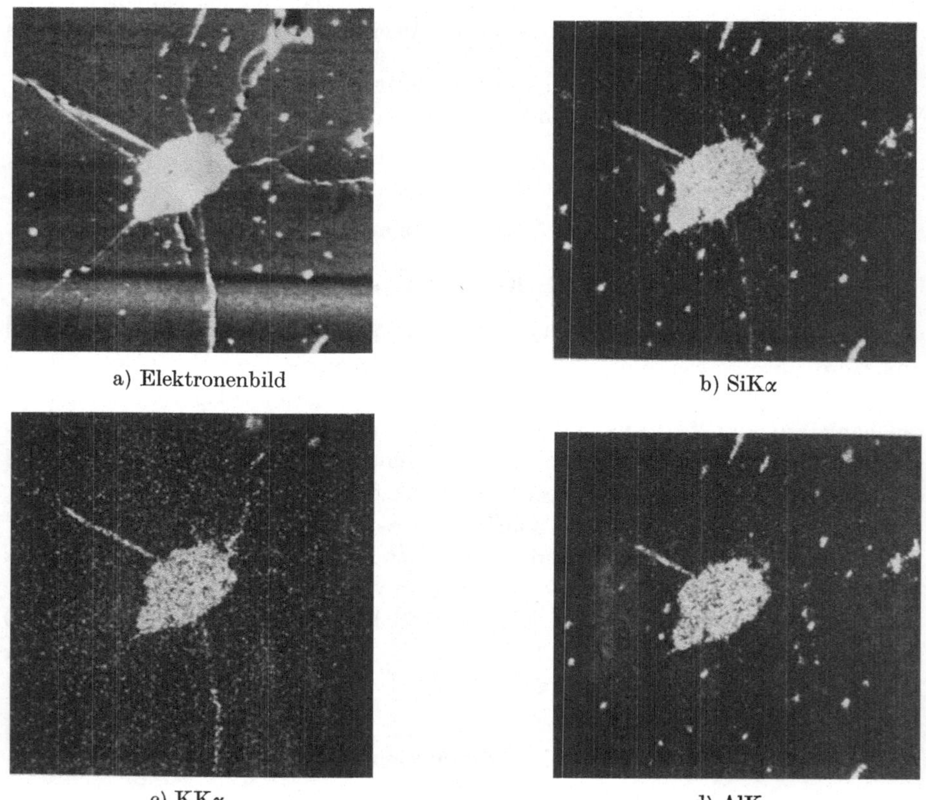

a) Elektronenbild

b) SiKα

c) KKα

d) AlKα

Abb. 70. Elektronenbild und elementspezifische Verteilungsbilder (Vergr. 100×)

Sie werden durch Auskristallisation aus dem schmelzflüssigen Zustand gewonnen und bestehen aus ZrO_2, Korund und etwas silikatischer Glasphase. Bei der Untersuchung von LEHMANN und SALGE [1] interessierte zunächst die unterschiedliche Resistenz der einzelnen Phasen gegenüber dem Glasschmelzangriff. Das Rückstreuelektronenbild (Abb. 71) zeigt in einer dunklen Matrix helle Einschlüsse, die

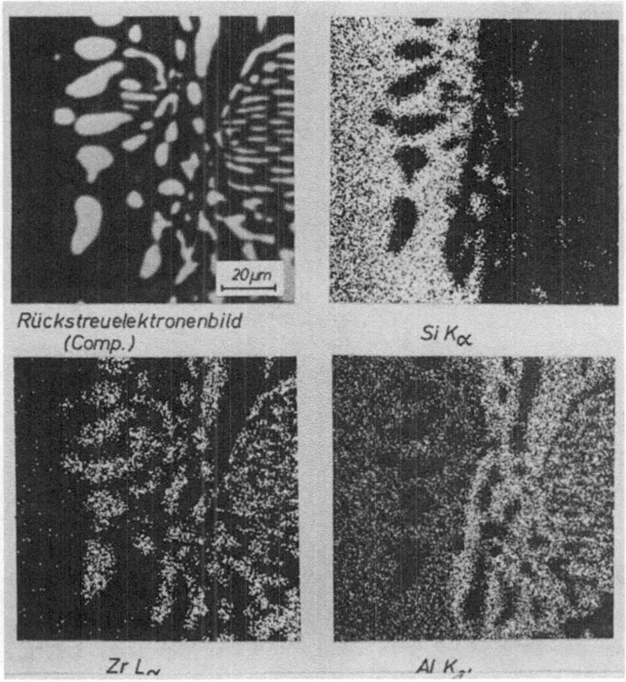

Abb. 71. Angriff von Silikatglas auf einen Corhart-Zac-Stein. Elementspezifische Verteilungsbilder

auf eine höhere mittlere Ordnungszahl der dort vertretenen Elemente hinweisen. Tatsächlich ergibt sich aus dem Zr-Verteilungsbild, daß es sich um ZrO_2 handeln muß. Aus der Si-Verteilung geht hervor, daß die Silikatglasschmelze in den Stein eingedrungen ist und dabei — das zeigt die Al-Verteilung — den Korund aufgelöst hat. Die gegenüber der aus Korund und Mullit bestehenden Corhart-Qualität bessere Widerstandsfähigkeit des Corhart-Zac-Steines ist, wie zu erwarten, auf den ZrO_2-Gehalt zurückzuführen.

6.5.3. Siliciumcarbid

In einer 1965 erschienenen Arbeit [3] untersuchten KONOPICKY, WOHLLEBEN und PATZAK mit der ESMA die Verunreinigungsphasen in technischem Siliciumcarbid.

Ihr Interesse konzentrierte sich zunächst auf eine im lichtmikroskopischen Bild gelb reflektierende Fremdphase, die häufig an den Rändern von metallischen

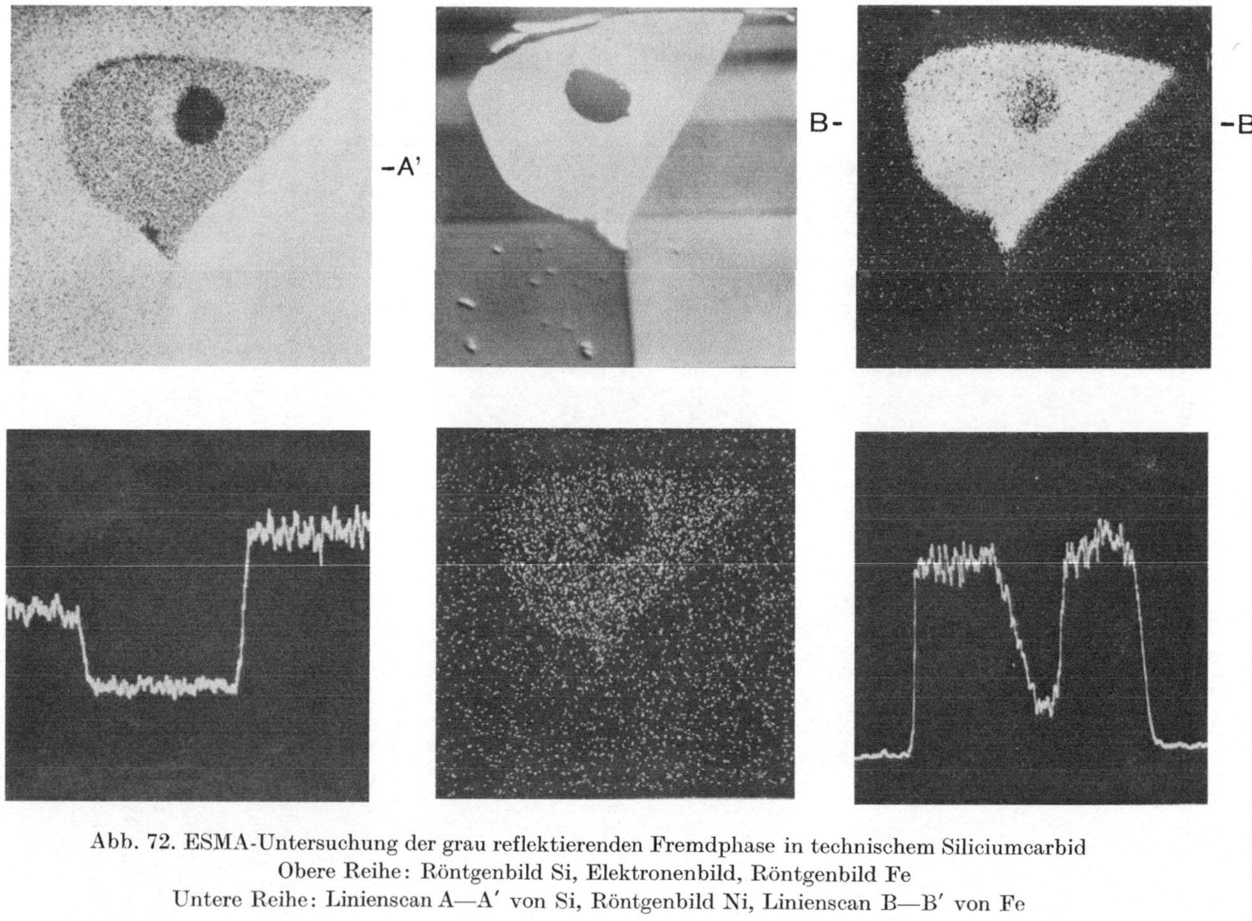

Abb. 72. ESMA-Untersuchung der grau reflektierenden Fremdphase in technischem Siliciumcarbid
Obere Reihe: Röntgenbild Si, Elektronenbild, Röntgenbild Fe
Untere Reihe: Linienscan A—A′ von Si, Röntgenbild Ni, Linienscan B—B′ von Fe

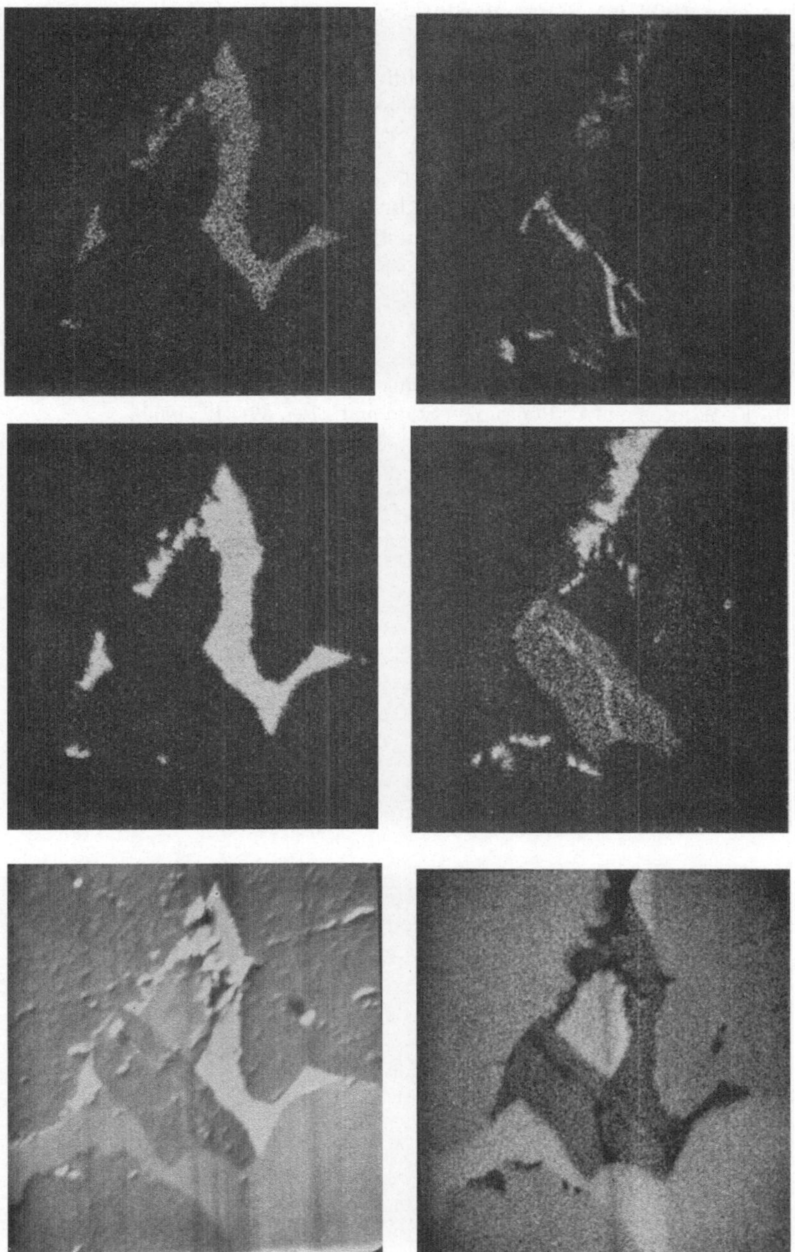

Abb. 73. ESMA-Untersuchung der gelb reflektierenden Fremdphase in technischem Siliciumcarbid
Obere Reihe: Elektronenbild, Röntgenbild Fe, Röntgenbild Ti
Untere Reihe: Röntgenbild Si, Röntgenbild Al, Röntgenbild Ca

Si-Ausscheidungen auftritt. Mit Hilfe von Flächenanalyse und elektronischen Linienscans gelang es ihnen, diese gelbe Phase als Ferrosilicium zu identifizieren (Abb. 72), das geringe Mengen von Ni, Mn, Ti und V enthielt. Eine quantitative Messung über eine 100%ige Si-Standardprobe ergab einen Gehalt von 58% Si und 42% Fe + Mn + Ni.

Als zweites untersuchten die oben angeführten Verfasser eine in SiC auftretende grau reflektierende Verbindung durch Auswertung der Elementarverteilungsbilder Fe, Ti, Si, Al und Ca (Abb. 73). Gefunden wurden ein noch Al und Ca enthaltendes Ferrosilicium und zwei weitere Al-Si-Ca-Verbindungen, bei denen es sich vermutlich um Ca-Al-Silizide und -Karbide handeln könnte. Für die genaue quantitative Auswertung wäre hier noch eine Bestimmung des Kohlenstoff- und Sauerstoffgehalts notwendig.

Literatur

1. LEHMANN, H., und H. SALGE: Tonindustrie-Zeitung **93,** 439 (1969).
2. WYSOCKI, H., K. MARKUS und U. PÜCKHOFF: Stahl und Eisen **89**, 342 (1969).
3. KONOPICKY, K., K. WOHLLEBEN und I. PATZAK: Berichte der Deutschen Keramischen Gesellschaft **42,** 50 (1965).

Nachweis der Abbildungen

Abb.	Autor und Literatur
1	MALISSA, H.: Elektronenstrahlmikroanalyse S. 53. Wien-New York: Springer-Verlag. 1966.
2a–c	Institut für med. Physik, Universität Münster.
3	Prospekt Nuclear Diodes S. 9.
4	Cambridge Instruments, Dortmund.
5a–b	Fa. Balzers, Schweiz.
6	MALISSA, H.: Elektronenstrahlmikroanalyse S. 69.
7	— Elektronenstrahlmikroanalyse S. 70.
8–9d	MALISSA, H. und HAELBIG: Mikrochimica Acta 376 (1967).
10	MALISSA, H.: Elektronenstrahlmikroanalyse S. 75.
11	— Elektronenstrahlmikroanalyse S. 3.
12	— Elektronenstrahlmikroanalyse S. 9.
13	— Elektronenstrahlmikroanalyse S. 10.
14–17	VOLLATH: Mikrochimica Acta 1 (1968).
18	MALISSA, H.: Elektronenstrahlmikroanalyse S. 17.
19	Institut für analytische Chemie, TH Wien.
20	MALISSA, H.: Elektronenstrahlmikroanalyse S. 18.
21	— Elektronenstrahlmikroanalyse S. 47.
22	MALISSA und JÜTTE: Mikrochimica Acta 165 (1968).
23	Dissertation CH. HORN: TH Wien 1967.
24–26	MALISSA und JÜTTE: Mikrochimica Acta 167 (1968).
27	HORN, CH.: Mikrochimica Acta 539 (1969).
28–38	OBST und FIX: Archiv f. Eisenhüttenwesen 703 (1970).
39–41	OBST, STRADTMANN und HORN: Mikrochimica Acta 143 (1968).
42a–43b	OBST und MÜNCHBERG: Tonindustriezeitung 201 (1968).
44	OBST: Tonindustriezeitung 411 (1966).
45	TREFFNER und WOHLLEBEN: Berichte der Deutschen Keram. Gesellschaft **44**, 350 (1967)
46	DEKEYSER: Bull. Soc. Franç. Céram. **81**, 3 (1968).
47–48	Institut für Steine und Erden, TU Clausthal.
49	Dolomitwerke Wülfrath.
50a–g	Institut für Steine und Erden, TU Clausthal.
51	LEIPOLD: Journal Amer. Ceram. Soc. **49**, 498 (1966).
52a–56c	OBST, HORN und MÜNCHBERG: Tonindustriezeitung **93**, 415 (1966).
57a–d	Institut für analyt. Chemie, TH Wien.
58	LEHMANN und SALGE: Tonindustriezeitung **93**, 439 (1969).
59	Dolomitwerke Wülfrath.
60	DERIE: Zement-Kalk-Gips **6**, 265 (1969).
61a–f	Batelle Institut, Frankfurt.
62–63b	KONOPICKY: Berichte der Deutschen Keramischen Gesellschaft **44**, 333 (1967).

64–67 Stubican und Menezes: Journal American Ceramic Society **49**, 609 (1966).
68 Bouvier und Barthel: Berichte der Deutschen Keramischen Gesellschaft **46**, 357 (1969).
69–70d Wysocki, Markus und Pückhoff: Stahl und Eisen **89**, 342 (1969).
71 Lehmann und Salge: Tonindustriezeitung **93**, 439 (1969).
72–73 Konopicky, Wohlleben und Patzak: Berichte der Deutschen Keramischen Gesellschaft **42**, 50 (1965).

Namenverzeichnis

Sachverzeichnis

Berichtigung

Seite 97, Abb. 57c ist um 90° nach rechts zu drehen.

Applied Mineralogy Vol. 2

Fortsetzung von der ersten Klappe

Mineralogie auf technische Probleme in einer Form darzustellen, die vor allem den Ingenieur, aber auch den technisch orientierten Naturwissenschaftler umfassend informiert.

Volume 2

Elektronenstrahl-Mikroanalyse (ESMA) zur Untersuchung basischer feuerfester Stoffe

Von

K. H. Obst, W. Münchberg, H. Malissa.

Die vorliegende Monographie schildert die Anwendung der Elektronenstrahl-Mikroanalyse auf das Gebiet der basischen feuerfesten Stoffe. Im ersten allgemeinen Teil wird eine Übersicht der lichtmikroskopischen, elektronenmikroskopischen und Röntgenbeugungsmethoden bei Feuerfest-Stoffen gegeben. Es folgt eine eingehende Behandlung der physikalischen und apparativen Grundlagen der Elektronenstrahlanalyse.

Im zweiten speziellen Teil werden neben Anwendungsbeispielen auf dem Gebiet der Phasenanalyse in Zwei- und Dreistoffsystemen ESMA-Untersuchungen (Flächen-, Linien- und Punktanalysen) von Sinterdolomit, Sintermagnesia, Chrommagnesit und feuerfesten Sondersteinen vor und nach ihrem Einsatz aufgeführt und diskutiert.

Die Monographie soll einerseits den Operator der ESMA mit Feuerfest-Problemen bekanntmachen, andererseits dem Feuerfest-Fachmann die Möglichkeit aufzeigen, mit Hilfe dieser modernen Untersuchungsmethodik zu aussagekräftigen Ergebnissen zu gelangen.

ISBN 3-211-81016-1
ISBN 0-387-81016-1